U0641105

和谐校园文化建设读本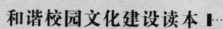

中学生网络安全与道德读本

邱继业/编著

吉林教育出版社

图书在版编目(CIP)数据

中学生网络安全与道德读本 / 邱继业编著. — 长春：
吉林教育出版社，2012.6（2018.2重印）
（和谐校园文化建设读本）
ISBN 978-7-5383-8996-8

Ⅰ.①中… Ⅱ.①邱… Ⅲ.①计算机网络—安全技术
—中学—教学参考资料②计算机网络—道德规范—中学—
教学参考资料 Ⅳ.①G634.673②G631.6

中国版本图书馆 CIP 数据核字（2012）第 116107 号

中学生网络安全与道德读本　　　　　　　　　　　　　邱继业　编著
策划编辑　刘　军　　潘宏竹
责任编辑　张　瑜　　　　　　　　　　　　　装帧设计　王洪义
出版　吉林教育出版社（长春市同志街 1991 号　邮编 130021）
发行　吉林教育出版社
印刷　北京一鑫印务有限责任公司
开本　710 毫米×1000 毫米　1/16　13 印张　字数　165 千字
版次　2012 年 6 月第 1 版　2018 年 2 月第 2 次印刷
书号　ISBN 978-7-5383-8996-8
定价　39.80 元

编 委 会

总序

千秋基业，教育为本；源浚流畅，本固枝荣。

什么是校园文化？所谓"文化"是人类所创造的精神财富的总和，如文学、艺术、教育、科学等。而"校园文化"是人类所创造的一切精神财富在校园中的集中体现。"和谐校园文化建设"，贵在和谐，重在建设。

建设和谐的校园文化，就是要改变僵化死板的教学模式，要引导学生走出教室，走进自然，了解社会，感悟人生，逐步读懂人生、自然、社会这三部天书。

深化教育改革，加快教育发展，构建和谐校园文化，"路漫漫其修远兮"，奋斗正未有穷期。和谐校园文化建设的研究课题重大，意义重要，内涵丰富，是教育工作的一个永恒主题。和谐校园文化建设的实施方向正确，重点突出，是教育思想的根本转变和教育运行机制的全面更新。

我们出版的这套《和谐校园文化建设读本》，全书既有理论上的阐释，又有实践中的总结；既有学科领域的有益探索，又有教学管理方面的经验提炼；既有声情并茂的童年感悟，又有惟妙惟肖的机智幽默；既有古代哲人的至理名言，又有现代大师的谆谆教诲；既有自然科学各个领域的有趣知识，又有社会科学各个方面的启迪与感悟。笔触所及，涵盖了家庭教育、学校教育和社会教育的各个侧面以及教育教学工作的各个环节，全书立意深邃，观念新异，内容翔实，切合实际。

我们深信：广大中小学师生经过不平凡的奋斗历程，必将沐浴着时代的春风，吸吮着改革的甘露，认真地总结过去，正确地审视现在，科学地规划未来，以崭新的姿态向和谐校园文化建设的更高目标迈进。

让和谐校园文化之花灿然怒放！

本书编委会

目 录

第一部分　网络改变世界

第一节　依靠网络实现梦想

　　理想是人生的奋斗目标,按照内涵可以分为社会理想、道德理想、职业理想、生活理想等。其中,社会理想是一个人全部理想的基础和归宿。进入 21 世纪,我国的青少年都有自己美好的理想,希望实现自己的人生目标,体现自己的人生价值。网络的出现和发展,为青少年实现这些美好的理想插上了翅膀,它帮助青少年拉近了现实与理想的距离。

靠网络实现理想,"网络中学生"考进首师大

　　被称为中国第一个"网络中学生"的王换生,在父亲的陪同下到首都师范大学进行面试。他的第一志愿是首都师范大学计算机系,依靠网络,他正一步一步地实现自己的理想。

　　7 岁时,王换生被查出患有罕见的"骨纤维异样增殖症",医生说,他的腿骨在发育中会自然骨裂,因此必须在家静养。那时候换生每年都得做一次大手术,一躺就是三四个月。因为不能像正常孩子一样按时到学校上学,他开始了自己的独特的学习方式。换生主动和汇文中学取得联系,申请成为一名"网络中学生",学校同意他免费进网校学习直到升入大学。通过网上学习,王换生升入了通州区重点高中——运河中学。高中期间,换生的病情稳定了,基本能到学校正常学习。为了巩固知识,换生仍然坚持网校的学习,总是早晨5点30分起床上网。在高考中,王换生终于考出了528分的好成绩。当换生拄着双拐走进首师大的校园时,他除了右腿不太灵活外,身体状况很好。

王换生的第一志愿是首都师范大学计算机系。他说,之所以要学计算机,一是因为自己是个"网络学生",对计算机和网络有特殊的感情,也更深刻地体会到了网络的力量。另一个原因是学计算机不需要太多的体力活动,不会受到身体状况的影响。

网络给我带来了希望

吴凯于2004年7月职高毕业,因为多种原因到几家公司应聘都无功而返。一天,他在上网时发现不少个人网页的设计者都把本人的资料贴出来,使网络成为一个宣传、推荐自己的新平台,用人单位只要上网浏览,就能获取大量求职信息,这就为求职者增加了更多的求职机会。于是吴凯也模仿他们的做法,把自己的资料贴出来,希望通过这种方法能找到理想的工作。不久,吴凯就被省城的一家公司录用了。吴凯高兴地说:"是网络给我带来了希望,我一定要好好工作,为社会做贡献。"

第二节　构建网络自主学习新平台

网络学习是面向未来学习的必然选择

从世界范围来看,Internet已成为全球教育、科技、经济、文化、社会发展进步的最基础的设施。从我国情况看,中国教育与科研计算机网Cernet的建立和使用,已经在我国高等学校产生了巨大的影响,本世纪将在我国整个教育界(从小学到大学)产生更大影响。目前,已有200多

所大学与 Cernet 联网，Cernet 通过全国网络中心与 Internet 进行连接。

　　Internet 和 Cernet 的迅猛发展，将影响到社会生活的每个方面，人人离不开它，人人都在使用它。在这样的网络环境下，一种建立在网络之上的学习，一种以多媒体为主要手段的学习，一种基于信息的学习——网络学习便应运而生了。

　　网络学习，如果简单地从字面上理解的话，就是通过网络进行学习的过程。但是，如果究其根本却并非如此，网络学习还有着极其丰富的内涵。网络作为知识与信息的载体，可将其视为书籍、视听资料等学习媒体的自然延伸，所不同的是它具备了更多的功能，几乎涵盖了所有传统与现代教学媒体的特点，集文、图、声、像为一体，成为迄今为止功能齐全、应用广泛的教学媒体。

　　网络学习将网络作为一个大的教室，但已不是简单的物理定义上的

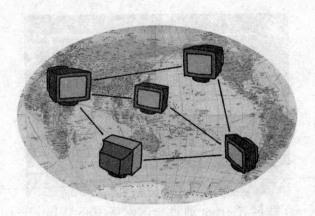

教室,网络这个教室已经超越了时空的界限,能够覆盖全球。网络学习具有极大的自由度,打破了学习者文化、专业、年龄、国度的界限。在这里,没有教师与学生的区分,没有区域与时间的差别。事实上,只要你愿意,你可以在任何时间、任何地点,向任何人进行学习。同样地,你也可以成为他人的老师,你还可以通过 E-mail、电子公告牌、文件传输、远程登录等网上服务项目,参与各学科、各领域的热点问题讨论,及时交流和探讨最新科研成果。

　　网络学习也是开发和利用信息资源的过程。网络有着巨大的信息容量,它所提供的信息资源远远大于任何教师、任何教材乃至任何一所图书馆所提供的信息量。学习者通过 Internet 和 Cernet 进入成千上万个图书馆和资源库,利用 WWW、GOPHER、ARCHIE 等网络检索工具,获取非常广泛的信息资源。

　　加快网络阅览室、网络图书馆的建设,实现数字化信息服务。如今,网上知识、信息及其传播将从根本上改变人们头脑里现有的"知识是靠书本传播"的这一传统观念,人们可以通过网络期刊、网上公共目录(OPAC)、参考工具资料、电子论坛、网络数据库、最新期刊目次、电子报刊、政府信息、在线图书馆以及网络资源指南与搜索引擎等各类网络信息资源的获取、开发和利用,从中汲取知识,增长才干。也正因为这样,各图书馆为满足读者学习的需求,纷纷建立了各种类型的电子阅览室和多媒体阅览室,为读者利用网络文献,学习和掌握知识提供了方便。如,

中科院文献情报中心网络信息阅览室于 2000 年 4 月正式开通,为读者提供在线浏览服务,主要有国际知名的 Elseiver Science 出版公司学术原文数据库、剑桥科学文献(CSA)数据库文献题录及文摘的检索,EI Compendex Web(工程索引)网上检索、PQDDBO 数据库的检索及《科学》杂志的阅读和检索服务等;由上海交通大学、复旦大学等高校共同创办的"上海高校网络图书馆"也已在网上开通,它标志着高校图书馆传统信息加工和信息传播的手段将得到彻底改变,为网络学习者提供了便利,带来了福音。

"网络教学"、"网上课堂"等借助互联网开展的教学方式在今天来说已经非常普遍了。在网络与学校教育的结合之下,青少年既可以与所在的学校同步学习,又可以弥补知识欠缺,还可以向教师质疑。在网上,青少年能够根据自己的意愿挑选学校、选择教师,真正做到了"足不出户,尽知天下事"。

而且,这种"网上课堂"的形式也成为时下的流行趋势。由教育行政部门批准建立的网校在网上开展教学活动,称为网上课堂。有能力主办网校的单位,都是社会上有教学实力的学校。在网校里,既有课本上的全部课程,又有课本上没有的其他课程,所以很多孩子都选择了网上学习。

陈雪松正在网上就读初中课程。每天上午他打开电脑,就可以在家里上课了。上午第一节是英语课,首先是进行 5 分钟的单词测验;通过测验后开始学习一篇新课文和 15 个新单词,教学过程是 5 分钟的电影片段和 20 分钟的讲解,最后 10 分钟是对前三天所学习的单词和语法的复习。40 分钟的课程结束了,屏幕提示陈雪松休息 15 分钟,做 5 分钟眼保健操。第二节是语文课。开始又是 5 分钟的测验:对着麦克风背诵昨天的一段课文。屏幕显示陈雪松有一个地方没背对,得了 75 分。接下来是学习李白的一首诗:"故人西辞黄鹤楼,烟花三月下扬州。孤帆远影碧空尽,唯见长江天际流。"陈雪松一边听着老师的朗诵,一边观赏着屏幕上黄鹤楼和长江的景色,学习兴趣非常浓厚。

陈雪松在网上就读初中课程已经半年了。网上学校对他的各科成绩和学习过程的表现进行了分析,认为陈雪松的语文能力比较强,对地理和生物科目的兴趣浓厚,数学抽象能力欠佳。建议他下一阶段调高语文课程的学习难度,减少语文课程的学习时间,增加地理和生物课程的学习时间,加大培养数学思维能力的力度。陈雪松按照网校的建议尝试之后,成绩果然得到了均衡的提高。陈雪松的父母对孩子选网校学习感到很满意。

虽然更多人还不能认同"网校"作为主流教育形式,但网络对学校教育的辅助作用却是任何人都不能忽视的。比如,2003 年 5 月,一场突如其来的"非典"疫情肆虐中国大地。一时间,学校放假,工厂停产,商店关门。人们都躲在自己家里不敢出门。为了不影响日常教学进度,许多学校开展了网上教学。老师将要讲的内容放在网络上,学生在自己家里通过网上下载就可以自主学习。老师还会将布置的作业放在网上,学生下载并做完后,上传到网上交给老师,老师又可以通过网络将批改的情况传递给学生。这种形式就是最简单的网上课堂形式,通过这种形式,人们避免了直接面对面的接触,减少了疫情的传播途径,也减轻了疫情对教学的影响程度。

具体说来,网络都能弥补学校教育的哪些方面呢?

第一,学生课前的预习、课上的网上查询、课后的复习,都可以根据自己的需求到网上搜集到相关的资料,从而培养学生自主学习的习惯和通过网络汲取知识的兴趣。

第二，网络为青少年自主学习提供了更广阔的选择空间。青少年可以在网上自主地选择阅读内容，学习自己感兴趣的知识，也可以在网上自主地选择老师，聆听优秀的教师讲课，且不受时间和空间的限制。

第三，网络使教师不再是知识的垄断者、灌输者，学生也不再是被动地接受知识的容器。在网上，学生可以和教师处在平等的地位上自主地提取信息、交流信息、探究问题，从而实现交互学习、协作学习、发现学习，增强各种能力。

第四，网络是功能最齐全、应用最广泛的媒体。网络信息的丰富和全面是任何教材，乃至百科全书都无法比拟的。同时，网络信息的呈现形式是文字、图像、声音、动画等的有机结合，因而大大增强了信息传播的生动性和吸引力。网络用图文并茂、有声有情的信息资源支持广大青少年自主学习，青少年只要通过上网查询，就可以获得所需求的各种知识。

第五，网络的出现、发展，信息技术等课程的整合，使知识的传播方式、课堂的概念、教师的作用、学生的学习方式等发生了重大变化。它为青少年自主学习、提高各种能力，构建了宽广的平台。

网络自主学习的利与弊

网络作为一种重要的课程资源，具有海量、交互、共享等特性，现在已经走进了课堂。但作为一种新的教学手段，由于其处于发展阶段，所以在开展自主、合作、探究学习等方面应该说是利弊共存。

网络自主学习的利：

首先，改变了学生的学习观念和学习方式。自主性学习是将学生置于一种主动、探究的学习状态之下，引导学生从完全接受性学习转向主动学习。通过前一阶段的自主性学习，很多学生意识到，主动学习、主动探求应该成为学习的一种重要方法。以前的被动学习、被动接受将不再适应今后的需求。

其次，提高了学生的创新能力和实践能力。自主性学习不以现成的

结论性知识为结果,而是让学生在实践中不断地研究,逐步掌握研究问题的科学方法,提高自己发现问题、分析问题、解决问题的能力,这对培养学生的创新能力和实践能力有着非常重要的意义。

第三,锻炼了学生的交往能力和合作能力。自主性学习为学生提供了更广阔的人际交往空间,学生将走出自己的个人世界,学会与他人交往,与社会交往。在交往中了解真实的社会,了解真实的人生。同时,在交往中学会与他人合作,由独立走向合作,培养自己的合作意识。

第四,丰富了学生的知识储备。在自主性学习中,学生所涉猎的知识领域已远远超出了单纯的学科范畴,它使学生在了解到本课题的相关知识的同时,也了解到大量的其他学科、其他类型的知识。这样,学生所拥有的知识将比原来更丰富、更全面、更广阔。

网络自主学习的弊:

一是网络教学的开放性与课堂教学任务的矛盾急需解决。由于网上资源异常丰富,加上学生运用网络的能力参差不齐,往往在学习过程中忽略本节课要学习的内容,盲目地在网上乱转,白白浪费时间,在规定教学课时内无法完成学习任务,从而使网络课堂教学客观上存在一定的松散性和不确定性。也有部分学生出现了求新、求快、求刺激而不求甚解的倾向,简单下载照抄,忽略了大脑知识库的积累和思考,使学习浮于表面,掌握知识不牢靠。

二是部分学生不能熟练使用计算机和网络搜索引擎,对学习资源的利用和知识信息的获取、加工、处理与综合应用能力目前还存在一定的不足,而这自然会影响到学习的效果。再加上学生的自我探究、发现和自主学习能力还存在一定的缺陷,还有一小部分学生的自控力较差,浏览与课堂内容无关的网页,甚至还有人玩网络游戏或聊天。

三是部分教师的信息素养有待提高,仍有个别教师不会自己制作网络课件,许多工作都得请其他教师帮忙,所制作的课件呈现方式简单,不符合学习者的认知特点。此外,网络教学资源还要进一步丰富。要进行网络教学,必须要有一套完整的网络教学资源库。如网络课件库、习题试题库、教案素材库等,而且要与新课程改革同步,这就需要在一线课堂教学的教师参与网络资源库的建设,但这些工作对教学的一线教师来说,不论在时间或技术上都存在一定的困难,这也是网络教学对新时期教师提出的挑战。

提高网络自主学习效率的几点措施

通过分析不难发现,目前网络自主学习效率低下的现象已是我国网络教育中一个普遍存在的问题,要提高网络自主学习的效率和质量,改善我国网络教育、远程教育在社会上的认可度,促进其长久健康的发展,就需要从以下方面着手,探求切实可行的改进措施。

1. 学习者方面

首先,从学习者来源方面严格把关。远程教育、网络教育并不是适合所有学习者的教育形式,尤其是师生分离、缺乏面对面的交流和指导,而这决定了它在目前及今后都不可能取代传统学校和教师,网络学习也不可能取代面授教学。因此,对于高中生甚至更小的学习者,仍然需要以传统面授学习为主,辅之以网络学习。

其次,强化内部学习动机,确立科学的学习观。取消全日制远程学历教育,可以在很大程度上遏制"只想混文凭"的学习动机。但是影响学习动机的因素是多方面的,学习者中除了在网络教育机构参加各种培训的人员,还有很大一部分是自发的、完全不"受控"的人员,他们的学习动机需要自己调整,要从自我提高的角度参加网络学习,克服各种学习困难并抵制网络中的各种各样的诱惑。

另外,要培养适合于学习者自身的学习策略和认知学习策略。网络教育机构要有意识地加强对学习者这方面的训练指导。学习者自身也要通过学习相关理论,有意识地调整自己的学习策略和认知策略,培养自主学习能力,提高自我监控和自我管理能力,学会规划自己的学习,抵制学习的随意性,克服网络信息迷航。

2. 学习资源方面

网络教育机构要提供质量更高、交互性更好的学习资源,在网络课程制作、学习者学习风格测量与适应、学习材料的内容和深度等方面都要能更好地满足学习者的需求。

要进一步推动资源共享,在不违背知识产权的前提下,多开放优质免费的网络学习资源,推动校际合作,建立城区、社区、校区学习资源中心。

独立参加网络学习的学员要学会选择高质量的网络课程,学会辨别信息的真伪,熟练使用常用的搜索引擎和知识管理工具,并遵守自己制订的学习计划,不流连于网络虚拟空间。

3. 学习环境方面

网络教育机构在设立远程教学站点时要全面考察其机器设备、辅导师资、网络宽带甚至办学责任心等条件,还要因地制宜,充分了解不同学员的个人学习条件,采取合适的资源传输方式和资源格式,并及时了解学员的学习情况。在网络教学平台上,要积极营造虚拟空间的"大学气息"和学习氛围,组织学

习小组,降低学员的学习孤独感,最大限度地减少网络学习中人文关怀的缺失。

第三节　网络人际交往对青少年的影响

　　在市场经济条件下,社会分工越来越细。为了求生存、求发展,青少年不仅要有竞争意识,而且要有合作意识和社交能力。其合作意识和社交能力要通过各种形式的实践活动来培养。网络以其互动和虚拟的特点为人们尽情发挥自己的想象力和表现力增加了新的交际模式。相识的青少年之间,可以采用网上聊天、发送信息或电子邮件、节假日互送电子贺卡等方式开展社交活动;不相识的也可以通过上述形式相互交谈、倾诉、探讨人生。网上交流为青少年开辟了一条开展社交活动的新途径。它几乎不受时间、空间的限制,青少年可以根据个人的意愿和需求找到自己想交的朋友。可见,网络开拓了青少年的交往领域,利用网络可以提高青少年的社交能力。

　　网络作为人与人之间交流的平台,已经成为当前不可或缺的交往方式之一。尤其是对接受新鲜事物较快的青少年来说,通过 QQ 聊天、电子邮件、聊天室、各种网络论坛等方式与他人沟通,已成为青少年一项越来越普遍也越来越擅长的活动。网络人际交往对青少年的成长、道德及价值观都有着显著的影响。

　　由于大多数网络活动都具有相对独立性,所以很多人担心青少年过多地参与网络交流与沟通会使网络交往代替传统的伙伴友谊,抑制他们在现实生活中人际交往能力的发展。但研究表明,适度上网并没有对青少年的社会交往和社会活动带来负面影响。相反,青少年通过网上聊天和电子邮件等网上人际交往活动,实际上是有助于他们维护人际沟通与社会关系的。

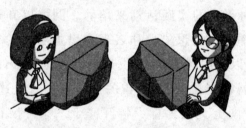

　　据了解,青少年上网大多是按照自己的兴趣和想法来选择网络交往的对象。有不少青少年想多交些朋友,有的通过网络认识了新朋友,还有的青少年上网增加了和老朋友的联系。可见网络有助于青少年拓展交往范围、加强交流、增进友谊。网络可突破性别、年龄、空间和经济条件等各种客观条件限制,让青少年结识更多的新伙伴、新朋友,扩展自己的交流区域。

　　网络人际交往是青少年社会化的新方式,青少年大多数自制能力弱,好奇心强,没有一套完整的、健康的、成熟的世界观,容易在新鲜事物的刺激下做出违法乱纪的事情,把网络人际交往当成随心所欲的场所,甚至把在网络中学会的不利于青少年健康发展的观念带到现实生活中,

使青少年产生自我发展困惑症、个体人格的非同一化等不能适应现实社会的观念。因此,既要看到网络人际交往对青少年自我认同有利的一方面,又要看到网络人际交往对青少年不利的一方面。要想使青少年正确利用网络,增强自我认同的正面效应,需要加强青少年网络道德教育,以道德理性来规范青少年的网络行为,使他们从内在自觉的角度树立起一种自愿自律的理念,来杜绝不健康的网络交往行为,最终通过网络人际交往这种新途径来增强青少年的自我认同感。

第四节　教育信息化推动教育现代化

　　"推进教育信息化不仅是中国教育改革发展的必然选择,也是实现教育跨越式发展的重要手段和途径。"这是前教育部部长周济曾在大会上指出的。自20世纪90年代以来,教育信息化潮流席卷了中国教育界。教育信息化是教育现代化的基础,没有教育信息化,教育现代化就无从谈起。教育信息化建设是一项长期的系统工程,包括教育投入、教育观念、管理方式、教学方式等多方面的更新转变,是教育改革与发展的重要战略目标和制高点,其作用日益明显。但是,这种发展趋势还是令很多教育工作者感到困惑和无所适从。那么,到底什么是教育信息化? 教育信息化会对教育发展产生怎样的影响? 教育应该如何去迎接教育信息化的挑战? 以上这些,都是我们应该认真思考和面对的问题。

教育信息化的概念是我国在 20 世纪 90 年代提出来的。1993 年 9 月，美国提出"国家信息基础设施"（National Information Infrastructure），俗称"信息高速公路"（National Superhighway）的建设计划，其核心是发展以 Internet 为核心的综合化服务体系和推进信息技术 Information Technology，简称 IT。而学校教育信息化的本质就是要运用现代教育思想、理论和现代信息技术把学校的教学环境建设成为一种具有丰富信息资源的，而且方便教育者和学习者获取信息的环境。换言之，教育信息化其实就是一个教育过程，更是一种先进的教育理念，其结果就是为了达到一种新的教育形态——信息化教育。作为教育的先行者，教育信息化理所当然地应该成为教育发展的一面特色旗帜。

20 世纪 80 年代以来，互联网和多媒体技术已经把注意力放在培养学生一系列新的能力上，特别要求学生具备迅速获取和筛选信息、创造性地加工和处理信息的能力，并把学生掌握和运用信息技术的能力作为与读、写、算一样重要的基础能力。在知识经济时代，信息素质已成为科学素质的重要基础。

目前，我国的中小学在校生有 2 亿多，预计未来 10 年，累计还有 2 亿多适龄儿童和青少年要陆续进入中小学接受基础教育。这就是说，在今后 20 多年内将有 4 亿多年轻人要先后进入社会，成为 21 世纪我国现代化建设的主力军。

这 4 亿多青少年的思想道德文化素质和信息素质如何，不仅关系到每个人的生存和发展，而且关系到中华民族的前途和命运。为此，国家

教育部决定大力加强信息基础设施和信息资源建设,从 2001 年起,用 5～10 年的时间在全国中小学基本普及信息技术教育,全面实施"校校通"工程(即用 5～10 年时间,使全国 90% 左右独立建制的中小学都能上网,使广大师生共享网上教育资源,提高教育教学质量)。以信息化带动教育现代化,实现基础教育跨越式的发展。

除了国家采取各种措施大力推进教育信息化进程外,广大青少年从全面建设小康社会、实现中华民族的伟大复兴的高度,要充分认识掌握和提高信息技术的重要性和紧迫性,要怀着强烈的责任感和使命感,为祖国的繁荣昌盛勇攀信息技术的高峰。

与此同时,还要不断增强上网的安全意识、责任意识、道德意识和法律意识,懂得网络是为自己成长和成才服务的。

第五节　维护网络安全人人有责

目前,危害国家安全的计算机违法犯罪行为,在我国时有发生。它严重损害了国家的利益和社会的稳定。对此,必须依法予以惩处。下面列举的案例充分说明了这一点。

宋某在国家某科研所工作,参加国家一项重点科研项目的研究和设计。他工作努力,对这一科研项目的研究工作情况十分熟悉,是该研究所的业务骨干。宋某业余时间喜欢玩计算机,经常上网聊天。

2001 年 2 月的一天,他在互联网上,看到了介绍自己参与研究的国家重点科研项目的有关信息,觉得十分简略,便擅自加以补充,将该科研项目的进展情况、有关数据、试验情况、参与研究的人员情况以及下一步的研究计划等编写成文,在网上发表。该文被国家安全机关发现,于是送请国家保密部门进行鉴定。

国家保密部门经过鉴定,认为这篇文章的内容属于国家机密。国家安全机关决定立案侦查,根据文章的内容,对涉及该科研项目的某科研所的工作人员进行了摸底排查,对互联网进行全面搜索,并提请有关部门立即关闭此文章发布网点、删除此类信息。在侦查工作中,国家安全机关发现有人曾用化名在某网站上粘贴该文,经过进一步的重点调查,发现宋某有重大犯罪嫌疑。国家安全机关将宋某刑事拘留,宋某也承认自己在网上编发了该文。后经过人民检察院批准,将宋某依法逮捕并提起公诉。

人民法院经过审理,判处宋某有期徒刑一年。

谈一谈:

我们应该从宋某的上述行为中吸取什么教训?

解析:宋某的行为违反了《保守国家秘密法》。他在国际互联网上发表了涉及国家机密的文章,致使国家重点科研项目的机密资料让其他人随意获取,违反了国家的保密制度,严重危害了国家的安全,损害了国家的利益,构成了故意泄露国家秘密罪。

网上泄露国家秘密是目前出现的一种新的泄密方式。由于网上泄密隐蔽性极强,所以当前网上泄露国家秘密的情况比较严重。一些人自以为手段高明,认为能够逃避惩罚,但终究逃不过国家法律的制裁。

青少年应该从这一案例中吸取深刻教训,从小树立维护国家安全的意识,牢记自己为维护国家安全所应承担的义务。这是每个中国公民义不容辞的神圣职责。

 至理箴言

Internet 设计的最初目标是允许所有的人,无论在任何地方,都能立即获取世界范围内所有计算机上的所有信息。这是继言语的印刷品之后的第三步。它使得所有的人在获得以往世界范围内的知识能力上,得到了平等,从而继续前行。

——互联网之父[美]劳伦斯·罗伯茨

第二部分　网络发展与社会生活

第一节　网络与青少年生活密切相关

在现代社会中,网络被视为报刊、广播、电视后的第四种媒体,它对涉世未深的中学生的思维方式、行为方式、价值观念的影响越来越大。客观地讲,网络对于开阔学生视野、扩大交往范围,缓解学习压力,促进青春期心理健康发展具有很重要的意义,然而,它的不良影响更应该引起我们的高度重视。据《北京青年报》对中学生网络生活的调查表明,有60.7%的人上网是为了玩游戏,34.1%的人是找朋友聊天,剩下的人则关注影视动态、体坛动态和新闻。越来越多的调查数据表明:中学生绝大多数上网的主要目的不是我们所期望的那样——查找学习资料,获取知识,而是玩游戏,聊天浏览不健康的信息。

下面我们就来结合统计数据了解一下青少年使用互联网的特征。

1. 用户开始使用互联网的时间:约80%的用户从1999年或2000年开始使用互联网,网龄大都不长。具体分布如下:1997年以前占6.3%;1998年占14.0%;1999年占36.20%;2000年占43.50%。

2. 上网地点:58.8%的青少年用户在家里上网,31.5%的用户在亲戚朋友家上网,在网吧、咖啡厅或电子游戏厅上网的占20.45%,在父母或他人办公室上网的占15.0%,在学校上网的占10.8%。

3. 上网时间和对上网时间的满意度估计:青少年用户平均每周上网时间212分钟左右,如果平均到每日,约30分钟左右。37.0%的用户认为自己上网时间"正好",认为"比较多还能满足"的用户占12.0%,认为"太多了"的仅为0.7%。31.7%的用户认为"比较少",18.5%的青少年用户认为"太少了"。也就是说,50%的青少年用户对上网时间并不满足。

4. 互联网功能的使用：玩游戏占 62％；使用聊天室占 54.5％；收发电子邮件占 48.6％；下载储存网页占 39.7％；使用搜索引擎占 25.0％；订阅新闻占 21.9％；网络电话占 14.7％；网上寻呼占 14.3％；制作和更新个人网页占 12.6％；上传文件占 9.4％；公告板（BBS）占 9.2％；代理服务器占 2.3％。

5. 用户和非用户对互联网的需求：用户选择"获得更多的新闻"为最重要的需求的比例最高，其均值为 3.81（满分为 5 分，以下同）。以下依次是："满足个人爱好"为 3.74；"提高课程的学习效率"为 3.71；"课外学习和研究有兴趣的问题"为 3.67；"结交新朋友"为 3.65。最不重要的需求是"享受成年人的自由"，均值为 2.81。

由此可见，网络对于青少年的生活的影响是多方面的。那么，网络有哪些正面和负面影响呢？

一、网络的正面影响

1. 网络有助于创新青少年思想教育的手段和方法。

利用网络进行德育教育工作，教育者可以以网友的身份和青少年在网上"毫无顾忌"地进行真实心态的平等交流，这对于德育工作者摸清、摸准青少年的思想并开展正面引导和全方位沟通，提供了新的快捷的方式。此外，由于网络信息的传播具有实时性和交互性的特点，青少年可以同时和多个教育者或教育信息保持快速互动，从而提高思想互动的频率，提高教育效果；由于网络信息具有可下载性、可储存性等延时性特点，可延长教育者和受教育者思想互动的时间，为青少年提供"全天候"的思想引导和教育。还可以网上相约，网下聚会，实现网上德育工作的滋润和补充，从而及时化解矛盾，起到温暖人心，调动积极性，激发创造力的作用。

2. 提供了获取新知的新渠道。

目前在我国教育资源还不能满足需求的情况下，网络提供了求知学习的广阔领域,学习者在任何时间、任何地点都能接受高等教育,学到在校大学生学习的所有课程、修满学分、获得学位。这对于处在应试教育体制下的青少年来说无疑是一种最好的解脱,它不但有利于青少年身心的健康发展,而且有利于家庭乃至社会的稳定。

3. 开拓青少年全球视野,提高青少年综合素质。

上网使青少年的政治视野、知识范畴更加开阔,从而有助于他们全球意识的形成。同时,又可以提高青少年综合素质。通过上网,可以培养他们与各种性格的人交流的能力;通过在网上阅览各类有益图书,他们可以触类旁通,提高自身的文化素养。

二、网络对中学生的不良影响

1. 导致中学生价值观念混乱。

网络如海洋,里面的大量信息都没有经过筛选,呈原始状态,许多思想观点与学校所倡导的主流价值取向严重背离,中学生道德观念尚未完全成熟,道德判断、道德选择能力缺乏,因此,不能很好地识别良莠,面对

应接不暇的网络文化,他们在没有来得及进行理性思考和有选择地接受之前就已被同化,或者陷入混乱和困惑之中。不正确的和多元化的价值观念致使中学生思想混乱、是非不分,进而对中学生道德责任感、道德行为、道德自律性产生一系列不良影响。部分学生之所以出现集体主义思想弱化、爱国主义思想淡薄,与网络的不良影响是分不开的。

2. 导致中学生人际交往出现障碍。

网络中人们的交往主要是人机对话或是以计算机为中介的交流,人

与人之间靠数码和化名来判断他人的身份。中学生迷恋其中,充分享受所谓的"自由",有苦闷可以在网上倾诉,想交流可以上网聊天,想发泄可以上网打游戏,在网上没人知道你是谁,一切都在虚拟中进行,正如网上那句名言"在网上即使你是一条狗,也没人知道"。这种虚拟中的交往正好满足了尚未成熟的中学生的心理需求,使他们很容易就获得交往的成就感和满足感。然而,中学阶段正是交往观形成时期,如果中学生将虚拟中的人际关系等同于现实中的人际关系,那么他们一旦回到现实就必然感到不适应和孤独,表现为紧张、冷漠、无精打采、情绪低落、逃避现实、自我封闭、不愿与人交往。长此以往,必将造成信任危机,如果得不到及时帮助,就会引发一系列的心理疾病。

3. 导致中学生道德行为失范。

在虚拟的世界里,你就是主人,你只需要对你自己负责,天马行空,独来独往,没有现实社会里熟人圈子对你行为的约束,于是就出现了许多不道德的行为:编造谎言,欺骗网友;男生假扮女生,寻求刺激;盗用别人的账号,危害网络安全。凡此种种,不一而足。众所周知,道德行为是人在一定社会环境或道德情境中的道德信念的外化,道德行为与人长期所处的环境有着密切的关系,对于缺乏辨别能力和控制能力的中学生来说,长期沉迷网络环境,其道德行为极有可能失范,而一旦失范,触犯法律,最终不但会沦为社会罪人,而且也会毁掉自己的一生。

所以说,网络是一把双刃剑。针对中学生网络道德建设中出现的问题,我们既不能回避,也不能听之任之,必须积极采取切实可行的方法与对策。

1. 加强中学生的网络道德教育和网络安全教育。

我们应该引导中学生学习网络道德规范,明确网络道德要求:依法使用网络,做文明的网民;尊重他人隐私;不利用网络技术给他人造成直接和间接的损失,等等。还可以通过各种形式的活动帮助学生树立正确的网络道德意识,让学生明白网络行为不仅是个人行为,更是一种社会行为,告诫学生在充分享受有自由的同时不要忽略他人的权利。

学校要加强对学生的网络安全教育。许多中学生上网时往往在不知不觉中掉进"网络陷阱",其主要原因是他们缺乏网络安全知识,没有形成完善的网络安全意识。为此,学校要普及学生网络知识,教会学生如何掌握网络操作技巧,怎样安全上网、如何增强网络免疫能力等,还要引导学生学会如何保护个人隐私,比如:不要轻易将个人信息告诉网友;不要与网友见面,如果见面一定要到公共场所等等。

2. 提高广大教师运用网络技术的能力。

据有关调查表明,不少教师的网络技术落后于学生,还有些教师甚至是"网盲"。作为教师如果连最基本的网络知识都不具备,又怎么能引导学生呢?那就更谈不上利用网络手段对学生进行思想道德教育了。提高教师自身的网络素质势在必行,教师只有掌握基本的网络技能,了解互联网中各种动态,才能提高德育工作的针对性,增强德育工作的实效性。

3. 充分发挥家庭教育功能,筑起家庭的第一道防线。

相比较而言,现在越来越多的中学生都喜欢选择在家里上网,为此,抓好家庭教育这一环节就显得尤为重要。作为家长,除了应该掌握网络基本常识外,还要随时了解孩子的上网情况。要引导孩子正确对待网络,努力做到上网与学习两不

误。对孩子上网要有必要的监督,要努力消除网络的不良诱惑,要正确指导孩子"绿色"上网。电脑不能单独放在孩子房间,要放在家庭的公用区域。

此外,加强中学生法制教育与心理健康教育,动用社会力量加强对盈利性质的网吧的管理都是我们应采取的对策。只要大家共同努力,认识到问题的严肃性、紧迫性,就一定能拿出高招,充分发挥网络积极的一面,克服其消极的一面,促使中学生安全、有效地利用网络,健康成长!

第二节　加强中学生网络思想道德建设

一、不道德网络行为的结构与类型

近年来,除了对网络道德的哲学伦理学探讨外,国内外学界开始有心理学、教育学、社会学、传播学、政治学等学科介入对网络道德议题的研究,尝试通过对网络道德行为、网络道德判断等议题在经验层面展开实证研究,描述和梳理各类社会群体尤其是青少年群体的网络道德状况。关于网络道德行为,国内外学界迄今没有形成一致的定义。比较而言,国外学界更多地把研究的侧重点,放在对不道德网络行为的具体形态,如侵害知识产权(包括软件盗版、下载无授权的音乐和电影等)、侵害隐私、网络欺骗、损害安全、滥用网络、不当网络言论、网络学术不端、网络色情、网络暴力等进行实证研究,并尝试在实证研究的基础上,梳理和分析不道德网络行为的结构。例如德万对黑客攻击、使用盗版软件和侵犯著作权三种不道德网络使用行为进行了实证研究;赫廉则主要对网络误用和滥用,如网络诽谤、骚扰、知识产权等不道德网络行为展开了研究;而阿克波卢特等人则侧重于对大学生群体的网络学术不诚实行为进行了实证分析。

与国外学界不同,国内学界则更关注对网络道德、不道德网络行为等作出概念界定。例如陈爱华认为,网络道德是全体网民在网络空间中进行社会交往和公共生活时,所应遵循的行为规则。而卢风、肖巍等则认为,所谓不道德网络行为,"是指网络主体出自非善和邪恶动机而做出的不利或危害他人和社会的网络行为"。他们基于效果论的视角，根据对社会造成的危害程度，把不道德网络行为区分为不正当、较恶和极恶行为三种类型。不正当行为是诸如在网络上撒谎、谩骂和人身攻击、传播无聊信息、发布虚假电子邮件、网络赌博等违反网络道德，但危害程度不大的行为；较恶行为是如信息欺诈等违反网络道德准则，对他人和社会造成较大危害的行为；极恶行为则是网络犯罪行为，或者说数字化犯罪或电脑犯罪。在研究对象上，国内学界较为关注青少年和大学生群体的不道德网络行为，其中被研究者经常讨论的大学生不道德网络行为，主要有侵犯知识产权、侵犯隐私、网络色情、危害网络信息安全、网络不文明语言、网络成瘾、网络信息泛滥、撒谎与欺诈、网络攻击性行为、欺骗感情、网上抄袭等。但是，与国外学界不同的是，国内学界对这些不道德网络行为的探讨，主要采用的是现象描述、现象归纳和文本解读方法。

国外学界对不道德网络行为的结构与类型，通常借助量表等测量工具，进行具体的梳理与分析。例如 UECUBS 量表从知识产权、社会影响、安全和质量、网络诚实、信息诚实五个维度测量了不道德网络行为，ITADS 量表把不道德网络行为的结构区分为欺骗、抄袭、造假、过失、未授权使用五个维度，ITADS 扩展量表则把不道德网络行为区分为欺骗、抄袭、造假和滥用四个维度，而网络滥用量表则把工作场所中滥用网络的状况，区分为严重滥用和次级滥用两个维度。相比而言，国内学者对不道德网络行为的梳理，更侧重在现象描述基础上进行类型归纳，而台湾学者对不道德网络行为的研究，则较为关注对学生、教师、专业人员等不同群体的行为状况进行具体描述和解释，并采用量表形式对不道德行为进行测量。如康旭雅从隐私权、网络交友、言论自由、著作权四个维度，设计了包含 40 个题项的测量表，对我国小学生的网络信息伦理行为进行了测量。而且与欧美学者在对网络道德概念的理解上侧重权利和规则不同，台湾学者同时强调网络道德概念的人伦维度。下面，我们通过介绍学界对网络欺骗和网络学术不诚实这两种在学生群体中较为常见的不道德网络行为的研究进展，来进一步具体分析学界对不道德网络行为研究的特点。

1. 网络欺骗。

网络交往的匿名性,为人们选择性地呈现自我身份提供了新的机会,从而在客观上导致了网上欺骗行为的增多。唐娜斯将网上欺骗行为分为隐瞒身份、类别型欺骗、扮演他人、恶作剧四种类型。隐瞒身份是指有意地隐瞒、省略个人身份信息的行为;类别型欺骗指提供某种特定类型的虚假形象,如转换性别;扮演他人是指把自己装扮成另一个用户;恶作剧是指提出挑衅性问题或发表无意义的言论,干扰新闻组中的谈话。

国内外学者对网络欺骗行为现状的研究结果并不一致。有部分学者发现,在网上,欺骗行为非常普遍。如惠蒂通过对 320 名聊天室用户的研究,发现在这类群体中普遍存在着网络欺骗行为,61.5% 的网民谎报年龄,49% 的网民谎报职业,36% 的网民谎报收入,23% 的网民谎报性别。其中,男性多在有关个人社会经济地位方面的话题上说谎,而女性说谎则更多是出于安全考虑。康韦尔和伦德格的研究也发现,至少 50% 的在线用户有过网络欺骗行为,其中 27.5% 的被访者在网络交往中故意夸大个人魅力,22.5% 谎报年龄,17.5% 谎报职业、居住情况、教育等个人资料,15% 故意矫饰个人兴趣。但也有学者发现,网上欺骗只是少数人的行为。如罗塔德指出,89% 的网民在网络交往中,没有在自己的年龄、性别和工作上说谎;卡斯普等人通过对 257 名讨论组用户的在线调查则发现,虽然有 73% 的被访者认为线上欺骗行为很多,但只有 29% 承认自己有过网上欺骗行为。尹玫君对我国台湾地区 7 所师范院校学生的信息伦理行为进行调查,发现大部分师院生在言论、隐私、著作权等方面的行为,都较符合信息伦理的规范。

2. 网络学术不诚实。

学术不诚实,包括造假、歪曲、欺骗、抄袭、复制、忽略帮助、成果误用等行为。奥斯汀和布朗强调,网络的普及,降低了学术不诚实行为的难度,学生不仅可以借助网络方便地从事复制粘贴、抄袭等学术不诚实行为,而且能够轻松地借助搜索引擎,找到试题答案,方便地进行抄袭。欣曼则强调,网络普及对学术界的道德生活的重大影响,不仅体现在学生可以很容易采用从网上复制粘贴等手段,拼凑作文甚至全文抄袭,而且学生借助网络从事学术不诚实行为,还对师生间的信任关系造成了严重的挑战。

土耳其学者雅兹·阿克波卢特等人为了具体测量学生群体中的网络学术不诚实行为状况,编制了学生网络学术不诚实测量表,并运用该量表对500名学生(其中有效问卷为349份)进行了问卷调查。对调查数据的因子分析发现,学生参与的网络学术不诚实行为,主要包括欺骗、抄袭、造假、过失和未授权使用五种类型。研究发现,学生从事网络学术不道德行为的比例总体上较低,但其中滥用网络的情况较为严重,如在实验室因课业以外的原因使用互联网,在上课时使用手机上网等。研究还发现,在参与网络学术不道德行为的程度上,不同专业的大学生之间并没有明显差异。但是,人格特征对网络学术不道德行为影响显著,具有随和性、严谨性和情绪稳定性人格特征的学生,参与网络学术不道德行为的可能性较低。斯坎伦等人使用自填式问卷方法,对英国698名大学生的研究发现,28.6%的被访者承认,曾经在未告知作者的情况下,从网上复制和下载资料在自己的作业中使用;分别有8.6%和9.1%的学生承认有过从网上复制整篇文章等严重抄袭行为。同时,自我报告的网上抄袭行为,与行为态度以及对学校惩罚力度的感知呈负相关。

二、关于如何加强中学生网络思想道德的建议

网络的发展开辟了中学德育的新领域。面对这个新领域,如果墨守成规,再用传统的德育方法去应付,显然收不到良好效果。如何运用健康的思想文化占领网络阵地,如何保证中学生在虚拟的网络世界具有健康的人格和良好的思想道德素质,成为中学德育一个重要而又紧迫的课题。根据调查,网络时代中学生思想道德发展呈现出新的趋势:参与意识增强,但存在盲从现象;独立意识增强,但道德自律意识亟待提高;道德认识过于感性化,而理性程度、道德体验不足;开放意识增强,但缺乏选择和辨别能力。网络对我国青少年思想道德素质、德育工作正在并且已经产生着重大和深远影响,而这增加了新形势下德育工作的难度。

面对这种变化和发展趋势,网络时代中学德育应着眼于创新,必须探索在新的形势下中学德育的新方法。我们认为,网络时代中学德育方法要实现创新,应该从以下几方面入手。

1.正确处理网络与其他德育资源的辩证关系。

网络时代中学德育应注重网上、网下相结合,构建网上、网下和谐互动,相互补充、相互呼应的体制和机制,只有这样才不会出现德育工作的盲目和空白点,有助于学生形成正确的人生观、世界观和价值观。

2.加强德育网络建设,建立中学德育的网络阵地。

网络时代,中学生德育应该有新的阵地意识,充分利用网络传播的优势,开辟网上教育阵地,通过建立网站,借助于 BBS、电子邮件等信息传播手段,不失时机地开展网上正面宣传。建有校园网的中学,应该主动地将德育的载体和途径扩展到校园网络上,开展网上心理聊天、网上德育征文,就学生关心的热点和疑点问题进行网上讨论。要积极主动地唱响网上主旋律,占领网上中学德育阵地。加强网络信息管理,营造健康、和谐的网络环境。加强网络管理是为了从源头上控制有害信息,使有害信息得到有效控制,德育工作者要引导学生选择正确信息,要善于切准学生的思想脉搏,引导学生进行深入思考,实现德育从向学生灌输正面信息到全面引导学生选择正确信息和灌输正面信息并存的方式转变。

3.加大网上德育工作力度。

加大网上德育工作力度,要求德育工作者的能力和素质要不断提高。这不仅要求德育工作者要有马克思主义的立场、观点和方法,还要把网络信息技术这一现代化手段用好,德育工作者应尽快适应网络时代的新环境、新特点、新要求,积极主动地进行角色转换,用全新的手段提高德育工作的适时性、针对性和有效性。

4.加强重点关注和引导。

各地教育行政部门和中小学要指导班主任、心理健康教育教师通过适当方式,加强与学生的沟通交流,及时发现异常情况,又有沉溺网络、行为举止异常或学习成绩突然下降等状况的学生要及时进行疏导和教育。要十分关心进城务工人员随迁子女和留守儿童的学习生活,深入了解他们在校外的学习和生活状况,促使其监护人对他们的校外生活进行有效监管。校外活动场所要面向广大青少年学生,特别是进城务工人员随迁子女和留守儿童,组织开展丰富多彩的活动,让他们感到社会大家庭的温暖。

5. 加强学校家庭合作。

各地教育行政部门和中小学要注重家庭参与,联合家长共同做好抵制互联网和手机不良信息工作。各地中小学要利用放假前、开学后等时机,通过家长学校、家长会、致家长的一封信、手机短信提醒等多种形式,争取广大家长与学校一起有效监控和引导学生正确使用互联网和手机。学校和家庭要提醒学生上网时不轻信网上言论,不泄露个人信息,不回复不明提问。倡导家长对孩子上网和使用手机进行引导和合理约束,教育孩子远离成人聊天室和黄色网站;尽量避免孩子在家独自上网,多花时间与孩子交流,多带孩子参加有益活动。

第三节　黑客为网络安全敲响警钟

黑客的出现是在信息社会中,尤其是 Internet 在全球范围内迅猛发展过程中,不容忽视的一个独特现象。无论黑客的目的是出于炫耀才能还是蓄意侵害网络用户合法权益，其行为都对社会造成了不同程度的危害，因此黑客的出现对网络安全提出了严峻的挑战。了解黑客的常见攻击手段和方法、检测网络攻击和入侵行为、及时制定安全措施和应对策略，对增强网络的安全性具有重要意义。

一、黑客概述

在早期，"黑客"一词本身并无贬义，主要指的是那些喜欢探索软件程序奥秘，并从中增长其个人才干的人，他们只是一群专门研究、发现计算机和网络漏洞的计算机爱好者；真正对社会造成危害的人，是被人们称为"骇客"的群体。如今，无论是"黑客"、"骇客"，还是由此派生出来的"红客"都被人们称为"黑客"。

黑客是"Hacker"的英文译音，它起源于美国麻省理工学院的计算机实验室中。此时的"黑客"还是一个中性词；但从 20 世纪 70 年代起，新一代黑客已经逐渐走向自己的反面；到了今天，黑客已被专指利用网络技术进行违法犯罪甚至通过网络漏洞来牟取暴利的人。

也有人根据目的和动机的不同，把黑客这一大群体又细分为黑客（Hacker）、骇客（Cracker）、红客等。黑客主要是依靠自己掌握的知识帮助系统管理员找出系统中的漏洞并加以完善；骇客则是通过各种黑客技能对系统进行攻击、入侵或者做其他一些有害于网络的事情；"红客"（Redhacker）则是由"黑客"一词派生出来的，多指国内那些利用自己掌握的技术去维护国内网络的安全,并对外来的进攻进行还击的一些黑客组织。

在网络中遨游,还需要对网络中的黑客有所防范,这样才能够真正保证电脑系统的稳定,从而也让电脑中的资料更加安全。如何防范黑客的入侵呢?首先需要了解黑客的类型及黑客攻击所使用的方法,这样才能够防患于未然。

二、黑客攻击常用手段和方法

黑客常见的攻击方法有网络嗅探、密码破译、漏洞扫描、拒绝服务攻击、数据库系统攻击等。当然在实际攻击过程中,黑客通常不是对以上某一种方法的使用,而是多种手段和方法的并用。

1. 网络嗅探

网络嗅探又称网络监听,该软件原本是提供给管理员的一类管理工具,主要用途是进行数据包分析,通过网络监听软件,管理员可以观测分析实时经由的数据包,从而快速地进行网络故障定位。但是网络嗅探工具也常被攻击者们用来非法获取用户信息,尤其是私密信息。

(1)网络嗅探的工作原理

网络嗅探主要利用了以太网的共享式特性。由于以太网是基于广播方式传送数据,因此网络中所有的数据信号都会被传送到该冲突域内的每一个主机结点。当主机网卡收到数据包后,就通过对目的地址进行检查以判断是否传递给自己,如果是,就传递给本机操作系统;如果不是,它就会丢弃该数据包。但是,如果当以太网卡被设置成混杂接收模式的时候,无论监听到的数据包目的地址是多少,网卡都会予以接收并传递给本机操作系统处理。网络嗅探者就是利用以太网的这一特性,将自己的网卡设置成混杂接受模式,悄无声息地监听局域网内的报文信息,嗅探和窃取用户资料。由于它只是"被动"地接收,而不向外发送数据,所以整个嗅探过程的隐蔽性非常好,以致管理员或网络用户很难发现网络中的嗅探监听行为。

(2)网络嗅探的工作方式

网络嗅探主要通过两个途径来工作:一种是将嗅探器(Sniffer)放到网络的连接设备(如路由器),或者放到可以控制网络连接设备的电脑(如网关服务器)上。也有的是用其他方式(如通过远程种植木马将嗅探器发给某个网络用户),使其不自觉地为攻击者进行了安装;另一种是针对不安全的网络,攻击者直接将嗅探器放到网络中的某台个人电脑上,就可以实现对该冲突域内所有网络信息的监听。被用于嗅探的工具通常是一个软件,也有的是硬件(硬件嗅探设备常常也被称为协议分析仪)。

(3)网络嗅探的工具

目前存在许多网络嗅探工具,可以轻易嗅探出用户的账号、密码等信息,如图所示。比较有代表性的工具有以下几种。

①Network General:Network General 开发了多种产品。最重要的是 Expert Sniffer,该软件不仅可以嗅探,还能够通过高性能的专门系统发送或接收数据包。还有一个增强产品 Distributed Sniffer System,可以将 UNIX 工作站作为 Sniffer 控制台,而将 Sniffer Agents 分布到远程主机上。

②Microsoft Net Monitor:对于某些商业站点,有时需要同时运行多种协议(如 Netware、Netbios、NetBEUI、IPX/SPX 和 SNA 等)。而 Sniffer 虽然功能强大,但有时也往往将一些正确的数据包当成错误的数据包

来处理,此时微软研发的 Net Monitor 则可以较好地解决这个问题,该软件可以把一些已经不常用的 Netware 数据包、Netbios 数据包正确区分开来。

③Tcpdump:一个比较经典的网络监听工具,通常被大量的 UNIX 系统采用。

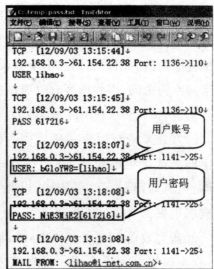

网络嗅探工具对用户机密信息的嗅探

④WinDump:是 Tcpdump 工具的 Windows 版本,专门为 Windows 操作系统而开发,程序主要采用命令方式运行,功能和 Tcpdump 几乎完全兼容。

⑤Sniffit:该工具由 Lawrence Berkeley 实验室开发,可以被管理员用来检查网络中传输了哪些内容,当然也可能被攻击者用来记录密码等信息。该工具主要运行在 Linux、Solaris 等平台上。

此外,还有 Iris、Linsniffer、Esniffer、SolSniffer、Wireshark（Ethereal）等工具都具有网络嗅探功能。

2.密码破译

密码破译指的是在使用或不使用工具的情况下渗透网络、系统或资源以解锁用密码保护的技术。密码破译是危及网络安全的重要隐患。黑客常常利用密码学的一些原理和一些工具来破解用户信息。

(1)常见密码破译方法

黑客通常采用的密码破译攻击方法有：

①字典攻击(Dictionary attack)：字典攻击是迄今为止最快的主机入侵方法。字典攻击相当于将一本字典中单词逐一取出,用以猜测用户密码。通常是将一个叫作字典文件的文件装到破解应用程序中,然后运行破解程序来猜测用户密码。由于目前仍有相当多的用户密码习惯用简单的字词作为密码,因此黑客有时通过字典攻击法就能轻易破解用户密码。

②混合攻击(Hybrid attack)：该方法是通过将数字和符号添加到文件名的方式来猜测用户密码。因为许多用户通常用当前密码后加一个数字的方式来更改密码,如第一周用 weekl 做密码、第二周用 week2 做密码、第三周用 week3 做密码,以此方式类推,用混合攻击的方法就很容易破解出来。

③蛮力攻击(Brute force attack)：该方法是用字符组合去一个个匹配,直到破解出密码为止。虽然该方法是比较全面的攻击方式,但如果密码的复杂程度较高,通常需要很长的时间才能破解出来。

LophtCrack 是允许攻击者获取加密的 Windows NT/2000/XP 密码并将它们转换成纯文本的一种工具。由于 Windows NT/2000/XP 密码是密码散列格式,如果没有诸如 LophtCrack 之类的工具就无法读取。它的工作方式是通过尝试每个可能的字母数字组合试图破解密码。

(2)常见密码破译工具

①RAR Password Cracker：主要通过穷举法、密码字典等方法来破解 RAR 压缩文件密码,该工具可以较快的速度破译出压缩文件的密码。

②PDF Password Remover：主要用于破译 Adobe Acrobat PDF 格式文件密码,使 PDF 文件被破译后可以被破译者编辑、打印和无限制地阅读。此外,该软件可以破解用 FileOpen 插件加密的文件。

③Excel Password Recovery：该工具可以破解 Excel 97、Excel 2000、

Excel 2003 以及 Excel XP 的密码。该工具还具有类似断点续传的功能，即如果某次密码破解工作未完成时，程序会自动记忆该断点，在下次运行时从该点起继续破解。

④Word Password Recovery：使用该软件可以恢复密码保护的 Microsoft Word 文档忘记或者丢失的密码。该软件自动地保存密码搜索状态并且可以继续被中断的密码破解过程。

此外，还有 MSN Messenger Password Recovery、Protected Storage PassView、Passware Kit、Unlock SWF 等大量破译工具。

3.漏洞扫描

(1)技术原理

漏洞扫描主要通过以下两种方法来检查目标主机是否存在漏洞：在端口扫描后得知目标主机开启的端口以及端口上的网络服务，将这些相关信息与网络漏洞扫描系统提供的漏洞库进行匹配，查看是否有满足匹配条件的漏洞存在；通过模拟黑客的攻击手法，对目标主机系统进行攻击性的安全漏洞扫描，如测试弱势口令等。若模拟攻击成功，则表明目标主机系统存在安全漏洞。

(2)漏洞的类型

①网络传输和协议的漏洞：攻击者利用网络传输时对协议的信任以及网络传输的漏洞进入系统。

②系统的漏洞：攻击者可以利用服务进程中的 BUG 和配置错误进行攻击。任何提供服务的主机都有可能存在这样的漏洞，它们常常被攻击者用来获取对系统的访问权。由于软件的 BUG 不可避免，这就为攻击者提供了各种机会。另外，软件实现者为自己留下的后门（陷门）也为攻击者提供了机会。如 Internet"蠕虫"就是利用了 UNIX 和 VMS 中一些网络功能的 BUG 和后门。

③管理的漏洞：攻击者利用各种方式从系统管理员和用户那里诱骗或套取出可用于非法入侵的系统信息，如用户名、密码等。常见的方式：如通过电话假冒合法用户要求对方提供口令、建立账户或按要求修改口

令;假冒系统管理员或厂家要求用户运行某个"测试程序(实际上是木马程序)",要求用户输入口令;假冒某个合法用户的名义向系统管理员发电子邮件,要求修改自己的口令;翻检目标站点抛弃的垃圾信息等。

(3)常见扫描方法

①源代码扫描:该方法主要针对开放源代码的程序,由于相当多的安全漏洞在源代码中会出现类似的错误,所以可以通过匹配程序中不符合安全规则的部分,如文件结构、命名规则、函数、堆栈指针等,从而发现程序中可能隐含的安全漏洞。

②反汇编代码扫描:该方法主要针对不公开源代码的程序,一般需要一定的辅助工具得到目标程序的汇编脚本语言,再对汇编出来的脚本语言使用扫描的方法,检测到存在漏洞的汇编代码序列。通过这种反汇编代码扫描方法可以检测到大部分的系统漏洞,但需要较为丰富的汇编语言知识和经验,且比较耗时。

(4)常见扫描工具

可用于漏洞扫描的工具很多,一般把扫描工具分为主机漏洞扫描器(Host Scanner)和网络漏洞扫描器(Network Scanner)。主机漏洞扫描器是指在系统本地运行漏洞扫描的程序或工具;网络漏洞扫描器则是指基于 Internet 远程检测目标网络和主机系统漏洞的程序或工具。无论哪一种工具进行漏洞扫描都需要详细了解大量漏洞的细节,通过不断地收集各种漏洞测试方法,将其所测试的特征字符存入数据库,扫描程序通过调用数据库进行特征字符串匹配来进行漏洞探测。

①Nmap:该工具是一款优秀的扫描工具,支持多种协议,如 TCP、UDP、ICMP、IP 等扫描。允许使用各种类型的网络地址,如子网下的独立主机或某个子网,它提供了大量的命令行选项,能够灵活地满足各种扫描要求,而且输出格式较为丰富。该软件原本是为 UNIX 开发的,为许多 UNIX 管理员所钟爱,后来被移植到 Windows 平台上。

②X-Scanner:国内著名的网络安全站点——安全焦点开发的漏洞扫描工具。该软件运行在 Windows 平台下,采用多线程方式对指定 IP 地

址段进行漏洞扫描,支持插件功能,提供图形界面和命令行操作两种方式。扫描内容包括远程服务类型、操作系统类型与版本、弱口令漏洞、后门、应用服务漏洞、网络设备漏洞、拒绝服务漏洞等。

③Nessus:近年来发展较快的一个扫描工具。其最大的特点除了开放代码之外,它还引进了一种可扩展的插件模型,可以随意添加扫描模块。如,可以把 Namp 嵌入到 Nessus 中,以扩展其功能。Nessus 工具可以适用于 Linux、UNIX 以及 Windows 平台。

此外,还有其他工具如 COPS、Tripwire、tiger、SATAN、IIS Internet Scanner 等都是比较优秀的扫描工具。

4.缓冲区溢出

(1)概念和技术原理

缓冲区是计算机内存中划出的一块用以暂存数据的空间。如果某个应用程序准备将数据放到计算机内存的缓冲区,但该缓冲区却没有存储空间来存放数据,此时系统就会提示缓冲区溢出错误。

黑客通常也利用缓冲区溢出原理攻击系统。比如,攻击者通过发一个超出缓冲区长度的字符串到缓冲区,结果可能就会导致因字符串过长而覆盖邻近的存储空间,致使正常程序正常运行;或者攻击者直接利用这个漏洞来执行自己发出的指令(通常是植入木马程序),来获取被攻击主机系统特权进而控制该系统。

在 1998 年 Lincoln 实验室用来评估入侵检测的 5 种远程攻击中,有两种是缓冲区溢出。而在 1998 年 CERT 的 13 份建议中,有 9 份是与缓冲区溢出有关的,在 1999 年,至少有半数的建议是和缓冲区溢出有关的。在 Bugtraq 的调查中,有 2/3 的被调查者认为缓冲区溢出漏洞是一个很严重的安全问题。

(2)缓冲区溢出漏洞攻击方式

缓冲区溢出漏洞攻击目的在于通过扰乱受害主机的某些特权运行程序的功能,来获取其主机的控制权甚至特权。缓冲区溢出攻击的基本方法是通过缓冲区的漏洞来攻击受害主机的 root 程序,然后执行类似于

"exec(shell)"之类的代码来获取 root 权限的 shell。攻击者主要通过以下两个步骤来完成:

①通过植入代码或者修改已经存在的代码,在程序的地址空间安排适当的攻击代码。

②通过初始化寄存器和内容,改变程序流程,跳转到攻击者安排的地址空间去执行攻击代码。

5.拒绝服务攻击

(1)拒绝服务攻击的概念

拒绝服务(Denial of Service,DoS)攻击是指一个用户占据了大量的共享资源,使系统没有剩余的资源给其他用户可用的一种攻击方式。拒绝服务攻击降低了资源的可用性,这些资源可以是处理器、磁盘空间、CPU 使用的时间、打印机、调制解调器,甚至是系统管理员的时间,攻击的结果是减少或失去服务,严重的将导致主机或网络设备瘫痪。

(2)拒绝服务攻击的方式

①死亡之 ping (ping of death):通过不断 ping 大数据包的方式向受害主机发送 ping 命令(如:ping-t-l65500 受害主机 IP 地址),导致受害主机所在网络瘫痪。早期的网络设备没有防范这种死亡之 ping 的措施,但目前很多防火墙设备已经能够自动过滤这种 ping 命令攻击了。

②SYN 洪水(Flooding)攻击:SYN 洪水攻击是拒绝服务攻击与分布式拒绝服务攻击的常用手法之一。主要利用 TCP/IP 协议通信过程中三次握手(Three-way Handshake)原理的漏洞来造成大量半连接信息,以耗尽受害主机网络资源,达到攻击目的。

由于 TCP 服务是一种基于连接的可靠通信,需要通过三次握手才能将连接建立起来。具体过程是:首先客户端向服务端发送一个 SYN 报文请求,该报文带有客户端的通信端口和 TCP 连接请求初始序号;服务器收到请求后,返回一个 SYN＋ACK 报文,以确认受到客户端请求并接受请求,并将 TCP 序号＋1;最后客户端返回一个 ACK 确认信息,也将TCP 序列号＋1,至此通信双方(客户端和服务端)就建立起了一个 TCP

连接,如图所示。

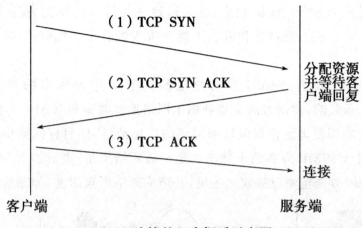

TCP连接的三次握手示意图

黑客的 SYN 洪水攻击就是利用 TCP 三次握手的这种原理,在第二次握手后即服务端给客户端发送了一个 SYN＋ACK 确认报文后,不再给服务器发送 ACK 响应(导致服务器处于等待状态,形成的一个空连接),而是继续发送 SYN 请求,使得服务器既要等待客户端的第三次握手连接,如图所示,又要响应新的 TCP 连接请求,耗尽自身资源,直至系统崩溃。

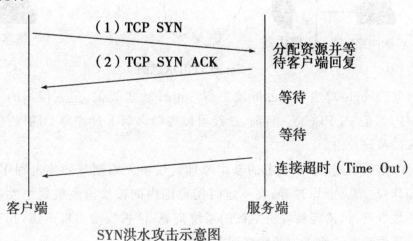

SYN洪水攻击示意图

③Land 攻击:Land 攻击是使用一种相同的源地址、目标地址和端口

号发送给受害主机,并伪造 TCP SYN 数据包信息流,使得受害主机向自己的地址发送 SYN ACK 响应,结果该地址又给自己发送 ACK 响应并建立一个空连接。通过这种方法干扰受害主机直至主机瘫痪,甚至直接崩溃。

④Smurf 攻击:Smurf 攻击是以最初发起这种攻击的黑客程序 Smurf 来命名的,攻击方法主要利用了网络地址欺骗和 ICMP 应答方法,即攻击者将回复地址设置成目标网络的广播地址,使目标网络中的所有主机都对该 ICMP 应答请求做出答复。最后结果是,大量的 ICMP 应答请求(ping)数据包淹没被攻击主机,并造成网络严重阻塞,如图所示。

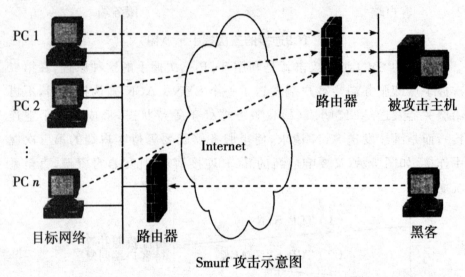

Smurf 攻击示意图

⑤Fraggle 攻击:Fraggle 攻击与 Smurf 攻击类似,但它使用的不是 ICMP,而是 UDPEcho。目前,已经可以在防火墙上过滤掉 UDP 应答消息来防范该攻击。

⑥炸弹攻击:炸弹攻击的基本原理是用事先编制好的攻击程序(如邮箱炸弹、聊天室炸弹等)在一定时间范围内向被攻击主机集中发送海量的垃圾信息,消耗被攻击主机的系统资源,使被攻击主机瘫痪,其所在网络严重堵塞。使正常的网络请求不能被响应。

6.数据库系统的攻击

黑客针对数据库系统的攻击,主要有破解弱口令、升级特权、利用不必要的服务的漏洞、针对未打补丁的漏洞、SQL 注入、窃取未加密的备份数据等。

　　(1)破解弱口令:目前,还有很多数据库用户为了便于自己记忆,喜欢采用数据库默认用户名和口令作为登录数据库账号的用户。比如 Oracle 的默认用户名是 Scott,默认口令是 tiger;SQL Sever 的默认用户名是 sa,默认口令为空。如果用户在使用这些数据库的过程中采用该数据库系统默认的用户名和口令作为登录账号,其安全性必将大打折扣,因为黑客破解口令大多会先从默认账号和口令下手。即使那些没有采用数据库默认用户名和口令,而是由用户自己设定的登录账号,如果不满足一定的复杂度,也很容易就被黑客破解,因为通过 Baidu、Google 或 Sectools.org 等网站很容易就能搜索到 Cain、Abel 或 John the Ripper 等破解工具。因此,数据库管理用户应尽量避免使用系统默认账号和口令,而设置满足一定复杂度的账号和密码,并且经常更换。

　　(2)升级特权:这类攻击主要由内部人员发起,攻击者通常通过系统管理员对数据库管理用户权限配置的疏忽,来提升自己的权限,达到可以攻击或破坏数据库的程度。避免这类攻击主要需要加强企业内部管理、强化账号和权限分级管理。

　　(3)利用不必要的数据库服务和功能中的漏洞:在一般情况下,数据库管理员为了系统运行正常,在使用数据系统过程中并没有关闭一些不必要的服务和功能,使得攻击者利用部分服务和功能的漏洞,伺机攻击数据库系统。比如,Oracle 数据库的监听程序 Listener 就可以搜索出进入 Oracle 数据库的网络连接情况,并且可以转发这些连接,如果管理员没有采取适当安全措施,黑客就可以利用这些漏洞来攻击数据库系统。

　　(4)针对未打补丁的漏洞:目前,常见的数据库系统如 Oracle、SQL Sever 等都有自己的安全漏洞,厂商已经及时发布了补丁程序,但如果企业数据库管理员在使用过程中没有及时安装这些补丁程序,则黑客就可能利用数据库存在的漏洞来攻击企业的数据库系统。

(5)SQL 注入：SQL 注入是从正常的 WWW 端口进入，和普通的 Web 访问一样，攻击者通过提交一段自己精心构造的 SQL 查询语句，然后根据程序返回的结果来获取想要的数据。

(6)窃取备份数据：通常情况，数据库管理员为了数据安全，一般都会对重要数据作备份处理，但有时会疏于对这些备份数据的管理，而且相当多的用户都没有对备份数据进行加密处理。如果攻击者进入了受害主机相关备份数据的目录，则很容易攻击到受害主机的数据库系统。

7.其他攻击方式

除了以上介绍的几种攻击方式外，还有很多黑客攻击方式，如访问攻击、网络病毒、IP 欺骗、SQL 注入、网挂木马、由拒绝服务攻击派生出来的分布式拒绝服务攻击（DDoS）等。"道高一尺，魔高一丈"，相信随着网络技术的飞速发展，可能还会出现更多攻击方式，需要人们去加以防范。

三、黑客案例实录

1983 年，凯文·米特尼克因被发现使用一台大学里的电脑擅自进入今日互联网前身的 ARPA 网，并通过该网进入了美国五角大楼的电脑，而被判在加州的青年管教所管教了 6 个月。

1988 年，凯文·米特尼克被执法当局逮捕，原因是：DEC 指控他从公司网络上盗取了价值 100 万美元的软件，并造成了 400 万美元的损失。

1993 年，自称为"骗局大师"的组织将目标锁定美国电话系统，这个组织成功入侵美国国家安全局和美利坚银行，他们建立了一个能从长途电话呼叫系统侵入专线的系统。

1995 年，来自俄罗斯的黑客弗拉季米尔·列宁在互联网上上演了精彩的偷天换日，他是历史上第一个通过入侵银行电脑系统来获利的黑客，1995 年，他侵入美国花旗银行并盗走一千万美金，之后，他把账户里的钱转移至美国、芬兰、荷兰、德国、爱尔兰等国，他于 1995 年在英国被国际刑警逮捕。

1999 年，梅丽莎病毒（Melissa）使世界上 300 多家公司的电脑系统崩溃，该病毒造成的损失接近 4 亿美金。它是首个具有全球破坏力的病毒，该病毒的编写者戴维·史密斯在编写此病毒的时候年仅 30 岁。戴维·史密斯最后被判处有期徒刑 5 年。

2000 年,年仅 15 岁、绰号"黑手党男孩"的黑客在 2000 年 2 月 6 日到 2 月 14 日情人节期间成功侵入包括雅虎、eBay 和 Amazon 在内的大型网站服务器,成功阻止服务器向用户提供服务,他于 2000 年被捕。

2001 年 5 月,中美黑客网络大战,中美撞机事件发生后,中美黑客之间发生的网络大战愈演愈烈。自 4 月 4 日以来,美国黑客组织 Poizon-Box 不断袭击中国网站。对此,我国的网络安全人员积极防御美方黑客的攻击,中国一些黑客组织则在"五一"期间打响了"黑客反击战"!

2002 年 11 月,伦敦某黑客被指控侵入美国军方 90 多个电脑系统。

2003 年 8 月,有个自称"冲击波杀手"的人在网上散播"冲击波"病毒,在 8 月 11 日这种病毒大范围传播。

该病毒利用 Windows 操作系统的漏洞进行传播,几经变异,使遭受攻击的系统崩溃,并通过网络向有此漏洞的计算机传播。该病毒感染力、破坏力极强,几天内就使全球 50 多万台电脑受到了感染,造成直接经济损失高达数十亿美元。

美国联邦调查局于 8 月 29 日凌晨逮捕了散播该病毒的"黑客",而这名黑客年仅 18 岁。

2006 年 10 月 16 日,中国骇客 whboy(李俊)发布"熊猫烧香"木马病毒,并在短短时间内,致使中国数百万用户受到感染,并波及到周边国家,比如日本。他于 2007 年 2 月 12 日被捕。

2007 年 4 月 27 日,爱沙尼亚拆除苏军纪念碑以后,该国总统和议会的官方网站、政府各大部门网站、政党网站的访问量就突然激增,服务器由于过度拥挤而陷于瘫痪。全国 6 大新闻机构中有 3 家遭到攻击,此外还有两家全国最大的银行和多家从事通信业务的公司网站纷纷中招。

爱沙尼亚的网络安全专家表示,根据网址来判断,虽然火力点分布在世界各地,但大部分来自俄罗斯,甚至有些来自俄政府机构,这在初期表现尤为显著。其中一名组织进攻的黑客高手甚至可能与俄罗斯安全机构有关联。《卫报》指出,如果俄罗斯当局被证实在幕后策划了这次黑客攻击,那将是第一起国家对国家的"网络战"。俄罗斯驻布鲁塞尔大使奇若夫表示:"假如有人暗示此次攻击来自俄罗斯或俄政府,这是一项非常严重的指控,必须拿出证据。"

2007年,俄罗斯黑客成功劫持 Windows Update 下载器。根据 Symantec 研究人员的消息,他们发现已经有黑客劫持了 BITS,可以自由控制用户下载更新的内容,而 BITS 是完全被操作系统安全机制信任的服务,连防火墙都没有任何警觉。这意味着利用 BITS,黑客可以很轻松地把恶意内容以合法的手段下载到用户的电脑并执行。Symantec 的研究人员同时也表示,目前他们发现的黑客正在尝试劫持,但并没有将恶意代码写入,也没有准备好提供给用户的"货",但提醒用户要提高警觉。

2008年,一个全球性的黑客组织,利用 ATM 欺诈程序在一夜之间从世界49个城市的银行中盗走了900万美元。黑客们攻破的是一种名为 RBS WorldPay 的银行系统,用各种手段取得了数据库内的银行卡信息,并在11月8日午夜,利用团伙作案,从世界49个城市总计超过130台 ATM 机上提取了900万美元。最关键的是,目前 FBI 还没破案,据说连一个嫌疑人还没找到。

四、黑客防备

对黑客的防备没有一个一劳永逸的方法,只能在事先多花功夫,做好安全防范措施。由于黑客攻击过程大都融合了多种技术,因此,防备黑客攻击不仅要像防病毒一样先安装好杀毒软件和防火墙,还要及时升级自己的操作系统,并且定期备份数据,在信息传送过程中也要尽可能采用加密机制。通常的防备措施有以下几种。

1.预防为主,防治结合

普通用户对黑客攻击的防范,主要还是靠事前多下功夫,即"预防为主,防治结合"。用户要完善对信息安全管理的技术手段,提高系统的安全性,而不是等受到了攻击或已经遭受到损失后再去寻求解决办法。目前,常见的防范措施有:

安装杀毒软件和防火墙。用户可以通过市面上购买安装盘;也可以通过网络去下载,用手机或银行转账的方式付费。安装好后要及时升级(通常系统默认设置是自动升级),并且定期扫描系统,查杀病毒。

尽可能不使用来历不明的 U 盘等移动存储设备。若要使用,请先用杀毒软件对该盘进行全面查杀病毒,确认内容干净无毒后再使用。

经常对硬盘上的重要信息进行备份,以在数据信息丢失后备用。

尽可能少到不知名的网站或论坛上去下载软件来使用。

电子邮件的附件不要直接打开,而是用"另存为"的办法存到硬盘上查毒后再查收;也不要轻易执行附件扩展名为 *.exe 和 *.com 的文件。

对来历不明的电子邮件及附件尤其是像扩展名为 *.VBS、*.SHS 等字样的附件一定不要打开,直接删除,并且清空回收站。

2. 及时升级操作系统版本

一般来说,操作系统在发布之初的一段时间内是不会受到攻击的。但其中某些问题一旦暴露出来,黑客就会蜂拥而至。因此,建议用户可以经常浏览一些杀毒软件的官方网站或论坛,查找系统的最新版本或者补丁程序来安装到本机上,这样就可以保证系统中的漏洞在被黑客发现前打上漏洞补丁,从而确保系统安全。

3. 定期备份重要数据

备份数据不是一个防范措施,而是一个补救措施。是为了确保在系统遭到黑客攻击后能得到及时恢复、挽回或降低损失;如果系统一旦受到黑客攻击,用户除了要恢复损坏的数据,还要及时分析黑客的来源和攻击方法,尽快修补被黑客利用的漏洞,然后检查系统中是否被黑客安装了木马、蠕虫或者被黑客开放了某些管理员账号,尽量将黑客留下的各种蛛丝马迹清除干净,防止黑客的下一次攻击。

一般文件的备份,可以在其目录以外的磁盘空间或其他磁盘、光盘上复制一份,也可以通过其他软件来实现;操作系统的备份可以使用Ghost、一键还原等第三方软件来实现。

4.尽量使用加密机制传输机密信息

由于现有的数据信息大多数情况下是采用明文(没有经过加密的信息)方式在传送,用户的个人信用卡、密码等重要数据在客户端与服务器之间的传送过程中有可能被黑客截获或监听到。安全的解决办法是使用加密机制来传送这些机密信息。比如用户在使用网上银行登录带有https 的网址、VPN(虚拟专用网)通道、数字证书以及 U 盾等,都具有一定加密功能,能够较好地保护用户的信息。

此外,用户设置的系统登录密码要有足够的长度(一般以 8～20 个字符为宜),而且最好是数字、字母和符号的无规律组合。比如 wcd-0968、xrbd-0823 等组合密码,就要比单纯的用生日、姓名或单位名称做密码要安全一些。

5.防范木马

一般来说,如果用户出现如下所述的一些异常情况,则系统有可能被种植了木马:

系统自动打开 IE 浏览器。用户没有打开 IE 浏览器,而 IE 浏览器却突然自己打开,自动进入某个网站。

系统配置被修改。Windows 系统配置时常自动更改,比如显示器处于屏幕保护状态时显示文字、时间和日期、声音大小、鼠标灵敏度等内容;另外,有时 CD-ROM 也会自动运行配置。

出现莫名其妙的警告框。用户在操作电脑时,系统突然弹出从没有见过的警告框或者是询问框,问一些令人莫名其妙的问题。

设备运转异常。感染了木马的计算机启动时异常缓慢,很长时间才能恢复正常;网络连接状态时,大批量接收发送数据包;鼠标指针时没缘由的呈沙漏状态;屏幕无缘无故黑屏又恢复正常;硬盘总是没理由地读盘写盘;软驱灯经常自己亮起来;光驱自己弹开关闭。

一些网络通信工具如 QQ、MSN 等登录异常。用户登录 QQ、MSN

或一些网络游戏时需要连续填写两次登录框,或者输入正确的密码后提示不正确。由于目前木马的变种越来越多,这给防范木马带来了一定困难,普通用户可从以下几方面加以防范:

给系统安装个人防火墙和反病毒软件,并且及时升级。

在登录 QQ、网上银行时,尽量用操作系统或应用软件自带的软键盘来输入账号和密码;交易等操作完成后,要及时退出系统,并关闭使用过的应用程序。

尽量不到一些不知名的网站或论坛上去下载免费资源,尤其是碰到一些欺骗性、迷惑性的信息更不要去轻易下载;相对来说,门户网站或知名的官方网站其安全性可能会要高一些(但都不是绝对的安全)。

在用户来源很混杂的局域网中(比如住宅小区网络系统)尽量不要共享私人资源。若要对特定用户共享,一定要加上足够安全的密码。

已经感染木马的,可到专业杀毒软件公司(如瑞星杀毒、金山毒霸等)的官方网站去下载一些木马专杀工具,或者到市面上购买正版杀毒软件,及时对系统做全面查杀。

当然,以上所述的检测和防范策略只是一个简单的列举,并不是一个固定的操作模式。尤其是随着木马变种的日益增多和木马隐藏手段的更新,用户即使感觉到了木马的存在,往往也还需要很多专业查杀软件的交替使用和专业人士的检测才能发现和清除木马。

6.防网络嗅探

对网络嗅探行为的检测和防范一般需要一定专业技能。比如,用户可以通过使用 ping 命令来对一个根本不存在的网卡做连通性测试,如果还能收到对方反馈回来的信息,则表明网络中有冒充的用户存在,即可能存在嗅探行为。防范网络嗅探的有效措施是:将网络细划成若干个子网,如划分 VLAN(虚拟子网),以此减小被嗅探的范围;同时继续采用前述 ping 命令的办法来排查嗅探器可能存在的位置,直至找到嗅探攻击者。

对普通用户来说,主要通过加密文件、使用加密通道、安装木马查杀软件等办法来避免个人信息被嗅探,办法与黑客/木马防范措施类似。

7. 防漏洞攻击

下载漏洞补丁:操作系统通常都会有自己的最新安全漏洞补丁程序,这些程序一般都会挂在开发公司的官方网站上面供用户下载。如果用户及时下载后安装,信息系统安全性会大大增强。也有一些第三方软件如"360安全卫士"也提供漏洞检查和下载业务,用户可以通过该软件来方便地给自身系统安装上漏洞的补丁程序。

定期进行安全扫描:解决漏洞攻击的方法主要是利用漏洞扫描工具事先对自身信息系统作安全扫描,及早发现漏洞并加以保护,从而增强系统的安全性。常见的安全扫描策略有两种:第一种被动扫描,主要是基于主机的检测,用户对信息系统的内容、设置、文件属性、操作系统的补丁、脆弱的用户口令等进行检测,从而发现和排除系统漏洞;第二种主动扫描,主要是基于网络的扫描,通过执行一些脚本文件对系统进行模拟攻击,并记录系统的反应,从而发现系统漏洞。

8. 建立有效的管理制度

对一个单位组织来说,保障信息安全最主要的措施还是加强内部管理,因此要加强组织内部的信息安全保护,建立信息安全等级保护制度,为信息系统的安全提供切实保障。

9. 用户操作系统常见安全设置

增强用户操作系统本身的安全也是防范黑客攻击的重要手段。除了前面所述的安装杀毒软件、及时打系统补丁和更新病毒库外,还可以在以下方面(以 Windows XP 为例)做适当设置,以增强用户操作系统安全性:

(1)去掉"远程协助"功能:远程协助功能本来是方便当用户出现困难需要帮助时,通过该功能向 MSN 或 QQ 好友发出邀请,寻求好友在线帮助来解决问题。但一些病毒如"冲击波"也是通过该功能来破坏用户操作系统的。因此,一般建议去掉该功能。具体操作是:在桌面上"我的电脑"右击,选择"属性"进入"系统属性"对话框,然后选择"远程",最后将"远程协助"栏内的"允许从这台计算机发送远程协助邀请"前面的"√"去掉，如图所示。

关闭"远程协助"功能

（2）禁止终端用户远程连接：远程连接功能有助于计算机的管理与维护，尤其是计算机数量较多的大规模计算机房的维护与管理。但对普通用户来说，该功能有被黑客远程控制的危险，因此建议一般情况下去掉该功能，其方法与去掉"远程协助"类似，在进入"系统属性"对话框后，将"允许用户远程连接到此计算机"选项前面的"√"去掉。

（3）屏蔽不常用端口：如果是普通用户，大多数时候只需要打开80端口（上网使用）等常用端口就可以了。因此，可以通过关闭部分不常用或者危险端口来增强系统的免疫力。当然，比较彻底的做法是只打开常用的端口，其余的端口统统关闭。具体操作是：在桌面上"网上邻居"右击，选择"属性"，打开"网络连接"窗口，"本地连接"右击，选择"属性"，打开"本地连接属性"对话框，选择"常规"选项卡，双击"Internet 协议（TCP/IP）"打开"Internet 协议（TCP/IP）属性"对话框，单击"常规"选项卡里面的"高级"按钮,打开"高级 TCP/IP 设置",打开"选项"选项卡,选中"TCP/IP 筛选",单击"属性"按钮,如果用户没有特殊的要求,只需要依次打开常用的 TCP、UDP、IP 就可以了,如图所示。

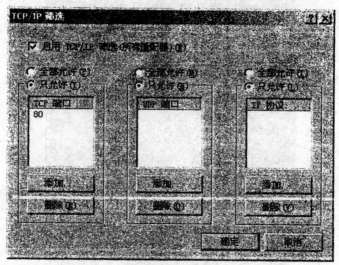

屏蔽不常用端口

(4)关闭 Messenger 服务:Messenger 服务本来是在客户端/服务端之间传送消息和传递报警信息等使用的,以方便通行双方的系统管理与维护使用。但如果攻击者使用该服务来发送信息时,只要知道受害主机的 IP 地址,不管对方是否愿意接受,都能给受害主机强制发送大量的文字信息,使受害主机不胜其扰。用户可通过提高杀毒软件安全等级、关闭 139 和 445 端口、关闭 Messenger 服务等方法来屏蔽该功能。关闭 Messenger 服务的方法比较简单,具体操作是:"开始"菜单→"设置"→"控制面板"→"管理工具",打开"服务"窗口,找到 Messenger 服务,选"禁用"该服务即可,如图所示。

(5)禁止 IPC$ 空连接和默认共享:Windows XP 系统为了方便局域网用户共享资源,安装时默认任何用户通过空连接(IPC$)来获取系统的账号和共享列表,但攻击者也可能利用这个漏洞来查询用户列表,攻击网络系统。因此,建议用户最好去掉该默认共享功能。该操作可通过修改注册表的办法实现。具体操作是：单击"开始"菜单，打开"运行"，键入"regedit"进入注册表。首先依次打开"HKEY－LOCAL－MACHINE/SYSTEM/Current ControlSet/Control/LSA"，将"Restrict-Anonymous"的值设为"1"，如图所示，即可禁止空连接；然后依次打开"HKEY LOCAL－MACHINE/SYSTEM/CurrentControlSet/Services/LanmanServer/Parameters"，如果用户主机是服务端，可添加一个名为"AutoShareServer"、类型为"REG－DWORD"、值为"0"的键；如果用户主机是客户端，则可添加一个名为"AutoShareWks"、类型为"REG DWORD"、值为"0"的键，即可取消默认共享。

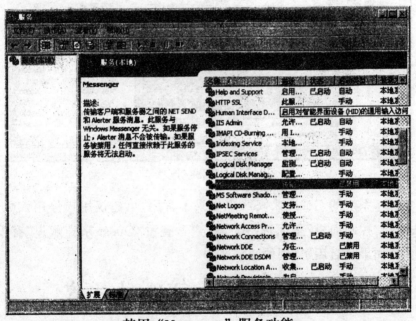

禁用"Messenger"服务功能

（6）妥善管理 Administrator 账户、停用 guest 来宾账户：Windows 在系统安装时，默认的系统管理员用户名就是 Administrator，但很多用户为了方便，在安装过程中都没有给该账号设置密码，即密码为空，这给以后黑客攻击留下了可乘之机。因此，应对 Administrator 账号妥善管理。常用的参考方法有以下三种：一种方法是直接将系统默认的 Administrator账号删除掉；另一种方法是重启系统进入"安全模式"，在"控制面板"的"用户账户"里设置密码；还有一种方法是，如果用户平时使用的是自定义的用户名做管理员账号，则可直接在当前账号下打开系统，通过进入"控制面板"→"管理工具"→"计算机管理"→"本地用户和组"→"用户"，选中"Administrator"，右击选择"设置密码"，如图所示，给该账号设置一个满足一定复杂度的口令，以免黑客通过系统默认的Administrator账号和空口令直接侵入用户主机系统。

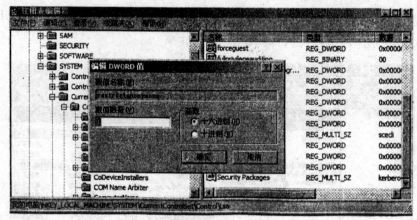

禁用IPC$空连接

此外，系统的Guest来宾账户如果不常用，也建议用户停用该账户，方法是在"控制面板"里面选"用户账户"，查看"Guest来宾账户"有没有被启用，如果被启用了，则停止该账户。

第四节　加强网络性教育

法制网报道了这样一个真实的事——

年仅15岁的女孩王燕初中毕业就辍学随父母前往成都，父母原打算让她在成都学门手艺，但她迷恋打网游，一直无所事事。2008年5月，她在网游中认识了一位20岁的名叫江波的男子，并在游戏中以"老公"、"老婆"相称。

随着网恋的不断升温，王燕瞒着父母从成都跑到重庆，见到了现实生活中的江波。两人在一起同居了两个月后王燕返回成都,却发现自己怀上了孩子。

这个突如其来的情况让王燕惊慌失措。她不敢告诉自己的父母,只能拼命打电话给江波。谁知江波却翻脸不认账了。于是,又气又急的王燕只好再次到重庆找江波,但对方却始终不肯露面,王燕找了整整五个月,始终没有见到江波的影子。

王燕觉得没脸再回成都,就独自居住在江波原来工作的修理厂附近的一家小旅馆里,白天睡觉,晚上就在附近的网吧通宵上网打游戏。为了节约钱上网,每天她只吃一顿饭。

王燕的肚子一天比一天大,即使是春节,她也不敢回家。她也想把孩子打掉,但是找江波要钱却一再遭到拒绝。

2009年3月18日凌晨4点,王燕从网吧返回旅馆发现自己羊水破了,才通知旅馆老板拨打120。凌晨6点,她产下一名男婴,孩子出生后,王燕始终没看他一眼,她说:"我晚上上网白天耍,一天只吃一顿饭,自己都养不活,哪里养得活这个娃娃?我不敢给我爸爸妈妈说,我现在只想找到江波,喊他把这个娃娃抱走。"

当上天把美丽、青春、骄傲、灿烂这些美好的字眼,通通赋予花朵般盛开、绽放的女孩时,她们本该在温暖的阳光下嬉戏追逐,在艳丽的花丛中灿然微笑,在明亮的教室里书声琅琅,在父母的膝下承欢撒娇。然而,为数不少的一批女孩,却在尚未成熟的年龄,因为无知、好奇、冲动,过早地与命运开了一个玩笑,成了"少女妈妈"。

针对"少女妈妈"的产生,我们不禁要问,究竟是家长的责任,是社会的责任,还是网络的责任?一位大学教师在网站上发表了一篇名为《网络:请给孩子一个纯洁的空间》的文章,他认为只有对青少年进行良好规范的教育才能阻止艾滋病的传播以及青少年性犯罪。他说,中国的网络性教育目前存在很大问题,一些网站在"性健康"栏目中涉嫌传播色情,而又没有任何对青少年的防范措施,这对孩子是很不利的。

互联网日益成为中学生获取信息的重要途径,一些学者对如何利用互联网开展青少年性教育模式进行了探索。在中国,中学生是个极其庞大的群体。做好中学生性教育工作具有十分重要的意义。

中国网络性教育的状况

网络性教育是指利用互联网作为媒介传播性知识、性态度和性观念的一种教育模式。它是以互联网为依托,以性专业网站、性专业论坛、性学专家通过各种途径在网上发表的文章、评论等为载体,以互联网用户为教育对象,以传播科学的性知识为目标。性专业网站和性专业论坛作为网络性教育的最主要载体,区别于一般的色情网站之处就在于它呈现的内容具有科学性、系统性和积极的价值取向性。

根据卫生部 2001 年颁布的《互联网医疗卫生信息服务管理办法》和 2009 年颁布的《互联网医疗保健信息服务管理办法》,目前中国大陆的有关性教育的网站可分为经营性和非经营性两类。经营性网站的主要目的是以网站为载体进行性保健方面的宣传,提高医疗机构的知名度,从而获得更多的客户。通过百度和谷歌等搜索引擎可以见到很多这样的网站,点开链接后,页面上就会弹出广告,感觉很不友好,难以达到教育作用。非经营性的性教育网站设计界面比较友好,比如国家人口和计划生育委员会、中国性学会官方网站、中国人民大学性社会学研究所、全国艾滋病信息资源网络、中国生殖健康网、39 健康网等。这些网站结构合理,性教育内容全面、科学性强,这类网站能够满足大学生对性知识的需求。但是,大多数中学生缺乏专业指导,他们在寻求性教育时并不是指向这些质量较高的性教育网站,而是被一些经营性网站"火辣"的宣传所吸引,在那里常常是畅游一番后,除了增加对性的幻想和自身身体的忧虑外,没有多少其他的收获。

同台湾以及港澳相比,大陆在网络性教育方面态度相对保守,特别是卫生部 2009 年颁发的《互联网医疗保健信息服务管理办法》中的第二章"设立",规定主办单位为依法设立的医疗卫生机构、从事预防保健服务的企事业单位或者其他社会组织,同时应当有 1 名副高级以上卫生专业技术职务任职资格的医师,这样就给一些从事性学研究的专家、学者设置了开办性教育网站的门槛。台湾和香港在这方面比较宽松,这从一些性学机构选择在香港或台湾注册以及一些性学大会选择在这些地区召开可以略见一斑。

那么,对于这些深受网络贻害的"少女妈妈"们,家长和社会应该担负起怎样的责任,如何完善和发展我国青少年的网络性教育呢?

1. 建立健康的性教育网站。

随着科学技术的不断发展,如今中国每个大学都有自己相应的校园网站,而且各种正规的高中初中甚至小学也都已经逐步有了自己的网站,所以在大力扶持校园网站的同时,要使健康的性教育信息在校园网中占一席之地。重点可放在性知识科普宣传和性道德教育上,帮助青少年正确认识和对待"性",学会如何与异性交往,学会对自己的选择负责,学会自我保护。

2. 增强性教育网站形式的趣味性。

对那些要求教育求新求异的青少年来说,性教育网站的形式多样也是很重要的。比如,性教育信息的网页样式要多样,各种颜色、样式的文字介绍性知识,附上一些可爱的图片。对于诸如人的受孕过程或生育过程,完全可以用卡通图像加上动画效果,既生动又形象,也并不过分地把这些知识传授给了青少年;定期举办专家论坛,网站可以邀请一些专家,让他们介入网站的专栏聊天室,参与谈论,使这些学者既可以了解学生的动态,又可以对学生作适当的引导,传输正确的性知识。这种互动是很不错的。通过 BBS 讨论区、E-mail 形式,让青少年将自己所有的性方面的疑惑以问题的形式提出,网站方面请一些在性学方面有一定专业性、权威性的人员进行针对性的回答。

3. 营造良好的网络文明环境。

这包括对性教育网站的规划和管理,以及对网络色情的坚决打击和取缔。

首先,对不同年龄、不同状况的人进行的性教育内容应该有所区别。某一特定内容的教育,不能过早,也不能过晚。

对于小学低年级孩子,主要进行性角色认同的教育,使他们从小就认识自己的性别特征,使心理人格的发展符合性别特征;对进入青春期的孩子,应当让他们了解青春发育期人体主要器官的发育,第二性征和性器官的发育;对于高中学生,性教育的内容,在生理方面要讲清生命诞生的生理过程及社会意义,特别应强调性生理和性道德、性法律教育。

其次,政府、国家要健全和完善互联网管理的法律、法规。坚决取缔无照黑网吧,制止未成年人进入网吧。

相信在家长、学校、社会以及网站本身的不断完善之下,青少年的网络性教育必将取得让人满意的效果。

第五节 利用网络传播病毒属于违法

网络发展的早期,人们更多地强调网络的方便性和可用性,而忽略了网络的安全性。当网络仅仅用来传送一般性信息的时候,当网络的覆盖面仅仅限于一幢大楼、一所校园的时候,安全问题并没有突出地表现出来。但是,当人们开始在网络上运行关键性的事务,如银行业务等,当企业的主要业务运行在网络上,当政府部门的活动正日益网络化的时候,计算机网络安全就成为一个不容忽视的问题。

我们首先来认识一下计算机病毒。

简单地讲,计算机病毒是一种人为编制的计算机程序,通过网页、程序、电子邮件传播,达到某种特定的目的,例如,破坏电脑系统文件、破坏用户文档、破坏计算机信息系统、毁坏数据,从而影响计算机使用。病毒一般来说是一种比较精巧严谨的代码,是按照严格的逻辑结构组织起来的。

在大多数的情况下,这种程序不是独立存在的,而是依附或寄生在其他媒体上,如磁盘、光盘的系统区或文件中。它可以长时间地潜伏在文件中,让人很难发现。在潜伏期,它并不影响系统的正常运行,只是秘密地进行传播、繁殖和扩散,使更多的正常程序成为病毒的"携带者"。一旦满足某种触发条件,病毒就会突然发作,这才暴露出其巨大的破坏力。

一、计算机病毒的发展趋势

计算机病毒一直是计算机用户和安全专家的心腹大患。虽然计算机反病毒技术不断更新和发展,但是仍然不能改变被动滞后的局面,计算机用户必须不断应付新的计算机病毒的出现。Internet 的普及,更加剧了计算机病毒的泛滥。

随着网络的日益普及,计算机病毒具有如下的发展趋势:

(1)病毒传播方式不再以存储介质为主要的传播载体,网络成为计算机病毒传播的主要载体。

(2)传统病毒日益减少,网络蠕虫成为最主要的和破坏力最大的病毒类型。

(3)病毒与木马技术相结合,出现带有明显病毒特征的木马或者带木马特征的病毒。

可以看出,网络的发展在一定程度上促使病毒的发展,而日新月异的技术,给病毒提供了更大的存在空间。计算机病毒的传播和攻击方式的变化,也促使我们不断调整防范计算机病毒的策略,提升和完善计算机反病毒技术,以对抗计算机病毒的危害。

二、病毒的特征及生命周期

1. 病毒的特征

(1)传染性。病毒通过各种渠道从已被感染的计算机扩散到未被感染的计算机。病毒程序一旦进入计算机并得以执行,就会寻找符合感染条件的目标,将其感染,达到自我繁殖的目的。所谓"感染",就是病毒将自身嵌入到合法程序的指令序列中,致使执行合法程序的操作会招致病毒程序的共同执行或以病毒程序的执行取而代之。因此,只要一台计算机染上病毒,如不及时处理,病毒会在这台机器上迅速扩散,其中的大量文件(一般是可执行文件)就会被感染。而被感染的文件又成了新的传染源,再与其他机器进行数据交换或通过网络接触,病毒会继续传染。病毒通过各种可能的渠道,如可移动存储介质(如 U 盘)、计算机网络去传染其他计算机。往往曾在一台染毒的计算机上用过的 U 盘已感染上了病毒,与这台机器联网的其他计算机也许也被染上病毒了。传染性是病毒的基本特征。

(2)隐蔽性。病毒一般是具有很高编程技巧的、短小精悍的一段代码,躲在合法程序当中。如果不经过代码分析,病毒程序与正常程序是不容易区别开来的。这是病毒程序的隐蔽性。在没有防护措施的情况下,病毒程序取得系统控制权后,可以在很短的时间里传染大量其他程序,而且计算机系统通常仍能正常运行,用户不会感到任何异常,好像计算机内不曾发生过什么。这是病毒传染的隐蔽性。

(3)潜伏性。病毒进入系统之后一般不会马上发作,可以在几周或者几个月甚至几年内隐藏在合法程序中,默默地进行传染扩散而不被人发现。潜伏性越好,在系统中的存在时间就会越长,传染范围也就会越大。病毒的内部有一种触发机制,不满足触发条件时,病毒除了传染外不做什么破坏。一旦触发条件得到满足,病毒便开始表现,有的只是在屏幕上显示信息、图形或特殊标志,有的则执行破坏系统的操作,如格式化磁盘、删除文件、加密数据、封锁键盘、毁坏系统等。触发条件可能是预定时间或日期、特定数据出现、特定事件发生等。

(4)多态性。病毒试图在每一次感染时改变它的形态,使对它的检测变得更困难。一个多态病毒还是原来的病毒,但不能通过扫描特征字符串来发现。病毒代码的主要部分相同,但表达方式发生了变化,也就是同一程序由不同的字节序列表示。

(5)破坏性。病毒一旦被触发而发作就会造成系统或数据的损伤甚至毁灭。病毒都是可执行程序,而且又必然要运行,因此所有的病毒都会降低计算机系统的工作效率,占用系统资源,其侵占程度取决于病毒程序自身。病毒的破坏程度主要取决于病毒设计者的目的,如果病毒设计者的目的在于彻底破坏系统及其数据,那么这种病毒对于计算机系统进行攻击造成的后果是难以想象的,它可以毁掉系统的部分或全部数据并使之无法恢复。虽然不是所有的病毒都对系统产生极其恶劣的破坏作用,但有时几种本没有多大破坏作用的病毒交叉感染,也会导致系统崩溃等重大恶果。

2. 病毒的生命周期

和生物病毒一样,计算机病毒执行使自身能完美复制的程序代码。通过寄居在宿主程序上,计算机病毒可以暂时控制该计算机的操作系统盘。没有感染病毒的软件一经在受染机器上使用,就会在新程序中产生病毒的新拷贝。因此,通过可信任用户在不同计算机间使用磁盘或借助于网络向他人发送文件,病毒是可能从一台计算机传到另一台计算机的。在网络环境下,访问其他计算机的某个应用或系统服务的功能,给病毒的传播提供了一个完美的条件。

病毒程序可以执行其他程序所能执行的一切功能,唯一不同的是它必须将自身附着在其他程序(宿主程序)上,当运行该宿主程序时,病毒也跟着悄悄地执行了。

在其生命周期中,病毒一般会经历如下 4 个阶段:

(1)潜伏阶段。这一阶段的病毒处于休眠状态,这些病毒最终会被某些条件(如日期、某个特定程序或特定文件的出现或内存的容量超过一定范围)所激活。并不是所有的病毒都会经历此阶段。

(2)传染阶段。病毒程序将自身复制到其他程序或磁盘的某个区域上,每个被感染的程序又因此包含了病毒的复制品,从而也就进入了传染阶段。

(3)触发阶段。病毒在被激活后,会执行某一特定功能从而达到某种既定的目的。和处于潜伏期的病毒一样,触发阶段病毒的触发条件是一些系统事件,包括病毒复制自身的次数。

(4)发作阶段。病毒在触发条件成熟时,即可在系统中发作。由病毒发作体现出来的破坏程度是不同的:有些是无害的,如在屏幕上显示一些干扰信息;有些则会给系统带来巨大的危害,如破坏程序以及文件中的数据。

三、病毒的分类

电脑一旦感染病毒,就会出现很多"症状",导致系统性能下降,影响用户的正常使用,甚至造成灾难性的破坏。

计算机病毒程序可按其后果分为"良性"和"恶性"。良性病毒程序只做一些"恶作剧",对系统不构成致命威胁。恶性病毒则不一样,它的任务就是破坏系统的重要数据,如主引导程序、文件定位表等,因此用户需要真正地识别病毒,及时地查杀病毒。下面将详细地讲解电脑病毒的分类。

按传染对象来分,病毒可以划分为以下几类:

(1)引导区病毒:这类病毒隐藏在硬盘或软盘的引导区,当计算机从感染了引导区病毒的硬盘或软盘启动,或当计算机从受感染的软盘中读取数据时,引导区病毒就开始发作。一旦它们将自己复制到计算机内存中,马上就会感染其他磁盘的引导区,或通过网络传播到其他计算机上。

(2)文件型病毒:文件型病毒寄生在其他文件中,常常通过对它们的编码加密或使用其他技术来隐藏自己。文件型病毒劫获用来启动主程序的可执行命令,用做它自身的运行命令。同时它还经常将控制权还给主程序,以伪装用户的计算机系统正常运行。一旦用户运行感染了病毒的程序文件,病毒便被激发,执行大量的操作,并进行自我复制,同时附着在系统其他可执行文件上伪装自身,并留下标记,以后不再重复感染。

(3)宏病毒:它是一种特殊的文件型病毒。一些软件开发商在产品研发中引入宏语言,并允许这些产品在生成载有宏的数据文件之后出现。宏的功能十分强大,相当多的软件包中都引入了宏,这样便给宏病毒可乘之机。

(4)脚本病毒:脚本病毒依赖一种特殊的脚本语言(如 VBScript、JavaScript 等)起作用,同时需要主软件或应用环境能够正确识别和翻译这种脚本语言中嵌套的命令。脚本病毒在某方面与宏病毒类似,但脚本病毒可以在多个产品环境中进行,还能在其他所有可以识别和翻译它的产品中运行。脚本语言比宏语言更具有开放终端的趋势,这样使得病毒制造者可以更容易地对感染脚本病毒的计算机进行操控。

（5）网络蠕虫程序：网络蠕虫程序是一种通过间接方式复制自身的非感染型病毒。有些网络蠕虫拦截 E-mail 系统，向世界各地发送自己的复制品，有些则出现在高速下载站点中，同时使用两种方式与其他技术传播自身。

（6）木马病毒：它利用系统漏洞进入用户的计算机系统，通过修改注册表自行启动，运行时有意不让用户察觉，将用户计算机中的所有信息都暴露在网络中。

（7）恶意网页病毒：网页病毒是利用网页来进行破坏的病毒。它存在于网页中，其实是利用脚本语言编写的一些恶意代码。当用户登录某些含有网页病毒的网站时，网页病毒被悄悄激活。这些病毒一旦被激活，就可以利用系统的一些资源进行破坏。

四、病毒的破坏行为

不同的病毒破坏行为不同，其中有代表性的行为如下：

（1）攻击系统数据区：即攻击计算机硬盘的主引导扇区、boot 扇区、FAT 表、文件目录等内容，导致电脑无法正常启动，出现蓝屏或者死机。一般来说，攻击系统数据区的病毒是恶性病毒，受损的数据不易恢复。

（2）攻击文件：自动删除文件、修改文件名称、替换文件内容、删除部分程序代码等。

（3）攻击内存：内存是计算机的重要资源，也是病毒的主要攻击目标。其攻击方式主要有占用大量内存、改变内存总量、禁止分配内存等。导致电脑运行速度变慢，严重时，还会出现死机、蓝屏等现象。

（4）干扰打印机：间断性打印、更换字符等。

（5）攻击喇叭：发出各种不同的声音，如演奏曲子、警笛声、炸弹声、鸣叫、咔咔声、滴答声等。

（6）攻击磁盘：攻击磁盘数据、不写盘、写操作变读操作、写盘时丢字节等。

（7）速度下降：不少病毒在时钟中纳入了时间的循环计数、迫使计算机空转,计算机速度明显下降。

(8)扰乱屏幕显示:导致字符显示错乱、跌落、环绕、倒置、光标下跌、滚屏、抖动、吃字符等。

(9)攻击CMOS:对CMOS区进行写入动作,破坏系统CMOS中的数据。

(10)攻击键盘:导致响铃、锁键盘、换字、抹掉缓存区字符、重复输入等。

(11)干扰系统运行:不执行用户指令、干扰指令的运行、内部栈溢出、占用特殊数据区、时钟倒转、自动重新启动计算机、死机等。

系统感染病毒之后,如果能够及时判断并查杀病毒,可以最大限度地减少损失。如果电脑出现了以下几种"不良反应",很可能就是系统已被病毒感染。

系统经常死机。

系统无法正常启动。

文件打不开,或打开文件时有错误提示。

经常报告内存不够或者虚拟内存不足。

系统中突然出现大量来历不明的文件。

数据无故丢失。

键盘或鼠标无故被锁死。

系统运行速度变得很慢。

链接:

全国网络传播病毒第一案告破

晨报讯(实习记者 韦让) 北京东方微点信息技术有限责任公司(以下简称微点公司)在世界首创主动防御病毒软件,打破了对于计算机病毒全世界只能被动防御的局面。然而北京警方宣布,该公司在软件研制过程中,违规在互联网上下载、运行5000多种病毒,警方对该公司副总经理田亚葵执行逮捕。此案在全国尚属首例。

自2009年1月以来,计算机病毒一直呈上升趋势。7月5日,网监处工作人员来到微点公司进行检查,发现该公司正在开发研制主动杀毒技术,但未在公安机关备案,没有采取任何安全技术保护措施,还在与互联网相连的局域网内测试病毒。民警当即指出该公司存在违规问题,要求立即停止违规操作。但在随后的两次复查中,民警发现,该公司压根儿没理这茬儿。就在 2009 年 8 月 9 日,世界首创的微点自动杀毒技术面世,公司名声大噪。

警方查明,该公司自 2005 年 1 月成立以来,为研制、生产主动防御病毒,擅自从国家明令屏蔽的、危险度极高的国外病毒网站直接下载了 20 多万个应用程序和 5000 多个不同病毒,并在未采取物理隔绝等安全技术措施的情况下,在与互联网连接的局域网内进行测试、运行,将病毒传播到互联网上,对计算机网络安全造成严重危害;造成北京某著名证券公司和某管理顾问有限责任公司直接经济损失达几十万元,并对北京某著名电信公司的正常业务活动造成严重干扰和巨大经济损失。

8 月 30 日,公安机关依照《刑法》第二百八十六条第三款的规定,将涉嫌"故意制作、传播计算机病毒等破坏程序,影响计算机系统正常运行造成严重后果"的该公司副总经理田亚葵逮捕。9 月 30 日,北京市工商行政管理局对微点公司的网站名称进行了初步审定,微点主动防御软件的下载并没有受到影响,微点公司人员仍然在原来的知春路写字楼里正常办公。

五、最厉害的电脑病毒

米开朗基罗病毒

这种病毒是一种非常危险的计算机病毒,一旦发作,就可以把计算机内的存储数据全部清除掉。令人惊奇的是,它还具有选择功能,往往有针对性地破坏一些最为重要的数据。"米氏病毒"的法宝是依赖时间的定时炸弹。程序的制作者们将它的"爆炸"日定为 3 月 6 日,而恰巧,伟大的米开朗基罗(意大利文艺复兴时期著名的雕塑家、画家、建筑师、诗人)的生日就是 3 月 6 日,"米氏病毒"由此而得名。

"米氏病毒"的闻名,是在 1992 年的 3 月 5 日至 8 日。"米氏病毒"的恐怖浪潮席卷全世界,而让世界许多行业电脑网络"大出血"。虽然当时的人们已经事先得知了它的登门日期,并且 3 月 4 日以前的一段时间,世界反病毒软件商的软件销售量比往年同期猛增了 30 倍,但"米氏病毒"还是如入无人之境,着实把人们"黑"了一把。几乎全球的重要新闻媒体对此都做了连续报道。

全世界有数以 10 万计的 PC 微机因"米氏病毒"发作而丢失了重要数据和程序。美国加利福尼亚的市场研究公司——"数据咨询公司"网络中的计算机约有 1/4 受到了病毒侵害。

南非近 500 家公司的 1000 多台计算机受到影响。德国波恩鲁尔工业区受"米氏病毒"的干扰,致使一家公司的 75 台计算机中的大量银行数据和软件资料毁于一旦。亚洲的马来西亚、日本也受到了病毒的侵袭。

越南有报道说,"米氏病毒"在 3 月 6 日袭击了商业中心城市胡志明市,毁掉了近几十家公司电脑的硬盘。中国公安部的一位官员透露,中国境内计算机被病毒侵入,丢失数据的情况比较严重。人们一提到"米氏病毒",仿佛大祸临头一样。

CIH 病毒

从 1998 年的 4 月 26 日开始,26 日成为了一个令电脑用户头疼而又恐惧的日子,因为在这一天瘟神一样的 CIH 病毒诞生了。从此,每年的 4 月 26 日以及每月的 26 日都成为了这一黑色幽灵游荡的日子。1998 年 8 月 26 日,该病毒入侵中国。1998 年 8 月 31 日,我国公安部发出防范 CIH 病毒的紧急通知。1998 年 9 月 1 日,中央电视台在新闻联播中播发了此通知。

1999 年 3 月 26 日,梅丽莎(Melissa)病毒造成全球网络混乱,凶手史密斯刚刚在 4 月上旬被抓获,中旬 CIH 病毒又开始大面积流行。1999 年 4 月 26 日,席卷全球的 CIH 病毒造成世界各地 6000 万台电脑瘫痪,其中我国受到损害的计算机就达 36 万台。

这次 CIH 病毒的发作,造成我国直接经济损失 8000 万元,间接经济损失达 10 亿元以上。而且 CIH 病毒不像以往的病毒只破坏软件、程序,它同时还可以改写计算机的 CMOS 芯片,直接损坏主板、破坏硬件。

这是我国自 1989 年第一例计算机病毒感染以来最大规模的病毒爆发。最令人恐惧的则是 CIH 病毒居然产生了变种"切尔诺贝利"(Cher-nobyL)病毒,该病毒于 1999 年 4 月 26 日袭击了全世界的计算机,它能删除硬盘上的数据,甚至在某些计算机上产生不能正常启动的后果。

CIH 病毒始作俑者是 24 岁的台湾大学生陈盈豪(ChenInHao)。他在 1998 年以自己的名字为这个病毒命名。仅一个星期,该病毒就从校园网传遍了全世界,计算机犯罪已经成为跨国犯罪。这次 CIH 病毒在我国的发作也是如此,从繁华的大都市到偏僻的小城镇,到处都有 CIH 的幽灵。

而且计算机病毒还在不断地变异,CIH 病毒目前已有 9 个变种,发作的日期也不仅限于 4 月 26 日。可以说,计算机病毒已经是无孔不入。在采取诸如使用反病毒软件等技术措施来防范计算机犯罪的同时,我们也不应忘记法律是惩罚犯罪的有效手段,对待计算机犯罪同样也应当采取强有力的法律措施。

冲击波病毒

2008 年 8 月,一名 18 岁的美国少年制造出了一种叫作"冲击波"的计算机病毒。这种病毒利用微软 PPC 漏洞进行传播,攻击了全球 80% 的 Windows 用户,导致他们的计算机无法正常工作。这名少年被警察抓获,并被送上了法庭。

其他著名的病毒还有"黑色星期五"、"爱虫"和"震荡波"等等。目前,每天都有电脑病毒混进网络世界,对互联网造成了极为严重的破坏。

蠕虫病毒

1998 年 11 月 2 日,一种病毒通过网络袭击了全美互联网络,不到两天便有 6000 多台联网的计算机被感染,整个网络一度瘫痪 24 小时,直接经济损失达 9600 万美元。这便是康奈尔大学 23 岁的研究生罗伯特·莫里斯研制的著名病毒——蠕虫病毒。这种病毒进入系统后,在各种各样的文件核心部分的路径繁殖,它所到之处,都毫不客气地自行复制数百次。这种复制虽然不起直接的破坏作用,但由于病毒程序本身是一种废物,而它又能非常迅速地扩散,使得受感染的系统负载变得越来越大,以至不可承受。莫里斯由此而最终被判刑 3 年、1000 美元罚款、400 小时无偿公益劳动。

蠕虫是一种结合黑客技术和计算机病毒技术,利用系统漏洞和应用软件的漏洞进行传播,通过复制自身将恶意病毒传播出去的程序代码。网络蠕虫病毒显示出类似于计算机病毒的一些特征,它同样也具有 4 个阶段,即潜伏阶段、传染阶段、触发阶段和发作阶段。但本质上蠕虫与普通病毒还是有许多不同之处,如表所示。

蠕虫与普通病毒的比较

比较对象	蠕虫	普通病毒
存在形式	独立程序	寄生
触发机制	自动执行	用户激活
复制方式	复制自身	插入宿主程序
搜索机制	扫描网络 IP	扫描本地文件系统
破坏对象	网络	本地文件系统
用户参与	不需要	需要

就存在形式而言,蠕虫不需要寄生到宿主文件中,它是一个独立的程序。而普通病毒需要宿主文件的介入,其主要目的就是破坏文件系统。

就触发机制而言,蠕虫代码不需要计算机用户的干预就能自动执行。一旦蠕虫程序成功入侵一台主机,它就会按预先设定好的程序自动执行。而普通病毒代码的运行,则需要用户的激活。只有用户进行了某个操作,才会触发病毒的执行。

就复制方式而言,蠕虫完全依靠自身来传播,它通过自身的复制将蠕虫代码传播给扫描到的目标对象。而普通病毒需要将自身嵌入到宿主程序中,等待用户的激活。

就搜索机制而言,蠕虫搜索的是网络中存在某种漏洞的主机。普通病毒则只会针对本地上的文件进行搜索并传染,其破坏力相当有限。也正是由于蠕虫的这种搜索机制导致了蠕虫的破坏范围远远大于普通病毒。

就破坏对象而言,蠕虫的破坏对象主要是整个网络。蠕虫造成的最显著破坏就是造成网络的拥塞。而普通病毒的攻击对象则是主机的文件系统,删除或修改攻击对象的文件信息,其破坏力是局部的、个体的。

任何蠕虫在传播过程中都要经历如下三个过程:首先,探测存在漏洞的主机;其次,攻击探测到的脆弱主机;最后,获取蠕虫副本,并在本机上激活它。因此,蠕虫代码的功能模块至少需包含扫描模块、攻击模块和复制模块三个部分。

蠕虫的扫描功能模块负责探测网络中存在漏洞的主机。当程序向某个主机发送探测漏洞的信息并收到成功的反馈信息后,就得到一个可传播的对象。对于不同的漏洞需要发送不同的探测包进行扫描探测。

攻击模块针对扫描到的目标主机的漏洞或缺陷,采取相应的技术攻击主机,直到获得主机的管理员权限。利用获得的权限在主机上安装后门、跳板、监视器、控制端等,最后清除日志。

攻击成功后,复制模块就负责将蠕虫代码自身复制并传输给目标主机。复制的过程实际上就是一个网络文件的传输过程。复制过程也有很多种方法,可以利用系统本身的程序实现,也可以用蠕虫自带的程序实现。从技术上看,由于蠕虫已经取得了目标主机的控制权限,所以很多蠕虫都倾向于利用系统本身提供的程序来完成自我复制,这样可以有效地减少蠕虫程序本身的大小。

蠕虫病毒具有如下的技术特性:

(1)跨平台。蠕虫并不仅仅局限于 Windows 平台,它也攻击其他的一些平台,如流行的 UNIX 平台的各种版本。

(2)多种攻击手段。新的蠕虫病毒有多种手段来渗入系统,例如利用 Web 服务器、浏览器、电子邮件、文件共享和其他基于网络的应用。

(3)极快的传播速度。一种加快蠕虫传播速度的手段是,先对网络上有漏洞的主机进行扫描,并获得其 IP 地址。

(4)多态性。为了躲避检测、过滤和实时分析,蠕虫采取了多态技术。每个蠕虫的病毒都可以产生新的功能相近的代码并使用密码技术。

(5)可变形性。除了改变其表象,可变形性病毒在其复制的过程中通过其自身的一套行为模式指令系统,从而表现出不同的行为。

(6)传输载体。由于蠕虫病毒可以在短时间内感染大量的系统,因此它是传播分布式攻击工具的一个良好的载体,例如分布式拒绝服务攻击中的僵尸程序。

(7)零时间探测利用。为了达到最大的突然性和分布性,蠕虫在其进入到网络上时就应立即探测仅由特定组织所掌握的漏洞。

查一查:

现在已经发现的电脑病毒还有哪些?

说一说:

电脑病毒的主要传播方式是什么?电脑病毒对网络安全有什么危害?你有切身体会吗?

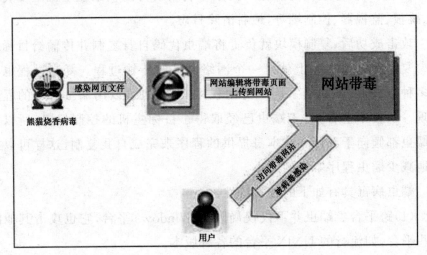

第六节 计算机病毒的防治

病毒的防治技术分为"防"和"治"两部分。"防"毒技术包括预防技术和免疫技术；"治"毒技术包括检查技术和消除技术。

一、病毒预防技术

病毒预防是指在病毒尚未入侵或刚刚入侵还未发作时,就进行拦截阻击或立即报警。要做到这一点,首先要清楚病毒的传播途径和寄生场所,然后对可能的传播途径严加防守,对可能的寄生场所实时监控,达到封锁病毒入口杜绝病毒载体的目的。不管是传播途径的防守还是寄生场所的监控,都需要一定的检测技术手段来识别病毒。

病毒的传播途径和寄生场所都是实施病毒预防措施的对象。

1. 病毒的传播途径及其预防措施

(1)不可移动的计算机硬件设备,包括 ROM 芯片、专用 ASIC 芯片和硬盘等。目前的个人计算机主板上分离元器件和小芯片很少,主要靠几块大芯片,除 CPU 外其余的大芯片都是 ASIC 芯片。利用先进的集成电路工艺,在芯片内可制作大量的单元电路,集成各种复杂的电路。这种芯片带有加密功能,除了知道密码的设计者外,写在芯片中的指令代码没人能够知道。如果将隐藏有病毒代码的芯片安装在敌方的计算机中,通过某种控制信号激活病毒,就可以对敌手实施出乎意料的、措手不及的打击。这种新一代的电子战、信息战的手段已经不是幻想。在 1991 年的海湾战争中,美军对伊拉克部队的计算机防御系统实施病毒攻击,成功地使该系统一半以上的计算机染上病毒,遭到破坏。这种病毒程序具有很强的隐蔽性、传染性和破坏性;在没有收到指令时会静静地隐藏在专用芯片中,极不容易发现;一旦接到指令,便会发作,不断扩散和破坏。这种传播途径的病毒很难遇到,目前尚没有较好的发现手段。

具体预防措施包括:

· 对于新购置的计算机系统用检测病毒软件或其他病毒检测手段(包括人工检测方法)检查已知病毒和未知病毒,并经过实验,证实没有病毒感染和破坏迹象后再实际使用。

　　·对于新购置的硬盘可以进行病毒检测,为保险起见也可以进行低级格式化。注意,对硬盘只做 DOS 的格式化操作不能除去主引导区中的病毒。

　　(2)可移动的存储介质设备,包括软盘、磁带、光盘以及可移动式硬盘。

　　具体预防措施包括以下几项:

　　·在保证硬盘无病毒的情况下,尽量用硬盘启动计算机。注意,即使不是系统盘,染毒的数据磁盘也会将病毒带入系统。

　　·尽量将程序文件和数据文件分开存放在不同的存储介质中。

　　·建立封闭的使用环境,即做到专机、专人、专盘和专用。如果通过 U 盘等与外界交互,不管是自己的 U 盘在别人机器上用过,还是别人的 U 盘在自己的机器上使用,都要进行病毒检测。

　　·任何情况下,保留一张系统启动光盘。一旦系统出现故障,不管是因为染毒或是其他原因,就可用于恢复系统。

　　(3)计算机网络,包括局域网、城域网、广域网,特别是 Internet。各种网络应用(如 E-mail、FTP、Web 等)使得网络途径更为多样和便捷。计算机网络是目前病毒传播最快、最广的途径,由此造成的危害蔓延最快、数量最大。从 1988 年的 Morris 蠕虫开始,席卷全球的网络蠕虫事件一浪接一浪,愈演愈烈。

　　具体预防措施包括以下几项:

　　①采取各种措施保证网络服务器上的系统、应用程序和用户数据没有染毒,如坚持用硬盘引导启动系统,经常对服务器进行病毒检查等。

　　②将网络服务器的整个文件系统划分成多卷文件系统,各卷分别为系统、应用程序和用户数据所独占,即划分为系统卷、应用程序卷和用户数据卷。这样各卷的损伤和恢复是相互独立的,十分有利于网络服务器的稳定运行和用户数据的安全保障。

　　③除网络系统管理员外,系统卷和应用程序卷对其他用户设置的权

限不要大于只读,以防止一般用户的写操作带进病毒。

④系统管理员要对网络内的共享区域,如电子邮件系统、共享存储区和用户数据卷进行病毒扫描监控,发现异常及时处理,防止在网上扩散。

⑤在应用程序卷中提供最新的病毒防治软件,为用户下载使用。

⑥严格管理系统管理员的口令,为了防止泄露应定期或不定期地进行更换,以防非法入侵带来病毒感染。

⑦由于不能保证网络,特别是 Internet 上的在线计算机百分之百地不受病毒感染,所以,一旦某台计算机出现染毒迹象,应立即隔离并进行排毒处理,防止它通过网络传染给其他计算机。同时,密切观察网络及网络上的计算机状况,以确定是否已被病毒感染。如果网络已被感染,应马上采取进一步的隔离和排毒措施,尽可能地阻止传播,减小传播范围。

⑧网络是蠕虫传播的最重要途径,尤其通过电子邮件传播。为了预防和减少邮件蠕虫病毒的危害,可采取如下方法:

· 设定邮件的路径在 C 分区以外,因为 C 分区是病毒攻击频率最高的地方,这样既可减轻对 C 分区的病毒攻击,也可减少系统在受到病毒攻击时所造成的损失。

· 收到新邮件后,尽量使用“另存为”选项为邮件做备份,分类存储,避免在同一根目录下放全部邮件。这样做还方便管理和查阅。

· 在“通讯簿”尽量不要设置太多的名单,如果要发送新邮件,可以进入邮件的存储目录,打开客户发来的邮件,利用“回复”功能来发送新邮件(删除原有内容即可);如果客户较多,可建立一个文本文件存放所有客户的邮件地址,要发新邮件时,利用“粘贴”功能把客户邮件地址复制到“收件人”栏中去。这样能够有效地防止邮件蠕虫病毒通过“通讯簿”的进一步传播。

· 遇到可执行文件(＊.EXE、＊.COM)或有宏功能文档(＊.DOC等)的附件,不要打开,先存储到到磁盘上,用病毒防治软件先进行检查和杀毒后再使用。

(4)点对点通信系统,指两台计算机之间通过串行/并行接口,或者使用调制解调器经过电话网进行数据交换。

具体预防措施为,通信之前对两台计算机进行病毒检查,确保没有病毒感染。

(5)无线通信网作为未来网络的发展方向,会越来越普及,同时也将会成为与计算机网络并驾齐驱的病毒传播途径。

具体预防措施可参照计算机网络的预防措施。

2. 病毒的寄生场所及其预防措施

(1)引导扇区,即软盘的第一物理扇区或硬盘的第一逻辑扇区,是引导型病毒寄生的地方。具体预防措可用 Bootsafe 等使用工具或 DEBUG 编程等方法对于净的引导扇区进行备份。备份即可用于监控,又可用于系统恢复。监控是比较当前引导扇区的内容和干净的备份,如果发现不同,则很可能是感染了病毒。

(2)计算机文件,包括可执行的程序文件、含有宏命令的数据文件,是文件型病毒寄生的地方。

具体预防措施包括以下几项:

· 检查 .COM 和 .EXE 可执行文件的内容、长度、属性等,判断是否感染了病毒。重点检查可执行文件的头部(前 20 个字节左右),因为病毒主要改写文件的起始部分。病毒代码可能就在文件头部,即使在文件尾部或其他地方,文件头部中也必有一条跳转指令指向病毒代码。

· 对于新购置的计算机软件要进行病毒检测。

· 定期与不定期地进行文件的备份。备份既可通过比较发现病毒,又可用作灾难恢复。

· 为了预防宏病毒,将含有宏命令的模板文件,如常用 Word 模板文件改为只读属性,可预防 Word 系统被感染,DOS 系统下的 autoexec. bat 和 config. sys 文件最好也都设为只读属性文件。将自动执行宏功能禁止掉,这样即使有宏病毒存在,但无法激活,能起到防止病毒发作的效果。

（3）内存空间：病毒在传染或执行时，必然要占用一定的内存空间，并驻留在内存中，等待时机再进行传染或攻击。

具体预防措施为，采用 PCTOOLS、DEBUG 等软件工具，检查内存的大小和内存中的数据来判断是否有病毒进入。

病毒驻留内存后，为了防止被系统覆盖，通常要修改内存控制块中的数据。如果检查出来的内存可用空间为 635KB，而真正配置的内存空间为 640KB，则说明有 5KB 内存空间被病毒侵占。

系统一些重要的数据和程序放在内存的固定位置，如 DOS 系统启动后，BIOS、变量、设备驱动程序等放在内存的 0:4000H～0:4FF0H 区域内，可以首先检查这些地方是否有异常。

（4）文件分配表（FAT）：病毒隐藏在磁盘上时，一般要对存放的位置做出"坏簇"标识反映在 FAT 表中。

具体预防措施为，检查 FAT 表有无意外坏簇来判断是否感染了病毒。

（5）中断向量：病毒程序一般采用中断的方式来执行，即修改中断变量，使系统在适当的时候转向执行病毒程序，在病毒程序完成传染或破坏目的后，再转回执行原来的中断处理程序。

具体的预防措施为，检查中断向量有无变化来确定是否感染了病毒。

二、网络病毒检测技术

基于网络的病毒检测技术并没有在传统的病毒检测技术上做出本质性的更新，新的技术往往是针对网络病毒的特点，对传统的病毒监测技术进行优化并应用在网络环境中。

1.实时网络流量监测

从原理上，实时网络流量监测继承了自病毒特征码检测技术，但是网络病毒检测有其独到之处。网络病毒的实时检测将实时地截取网络文件传输的信息流，从传播途径上对病毒进行及时地检测，并能够实时做出反馈行为。网络病毒实时检测的目标是已知的病毒。它的优点在于,能实时地监测网络流量,发现绝大多数已知病毒;缺点在于随着网络流量的呈几何级数增长,对巨大的流量进行实时地监测往往需要占用大量的系统资源,但是对未知病毒,这种方法完全无能为力。

2.异常流量分析

网络流量异常的种类较多,从不同的角度分析有不同的分类结果,从产生异常流量的原因分析,可以将其分成三个广义的异常类:网络操作异常、闪现拥挤异常和网络滥用异常。网络操作异常是指网络设备的停机、配置改变等导致的网络行为的显著变化,以及流量达到环境极限引起的台阶行为;闪现拥挤异常出现的原因通常是软件版本的问题,或者是国家公开带来的 Web 站点的外部利益问题。特定类型流量的快速增长(如 FTP 流),或者知名 IP 地址的流量随着时间渐渐降低,都是闪现拥挤的显著表现。网络滥用异常主要是由以 DOS 洪泛攻击和端口扫描为代表的各种网络攻击导致的,这种网络异常也是网络病毒检测系统所感兴趣的。

基于网络滥用异常的流量分析可以看作是对启发式规则病毒检测技术的一种衍生,这种技术的优势是能发现未知的网络病毒,同时可以通过流量信息直接定位可能感染了病毒的机器,对于一些蠕虫的变种及新的网络病毒有较好的发现效果。

3.网络安全扫描

在网络安全技术中,安全扫描技术是一类比较重要的技术,也称为脆弱性评估(VulnerabilityAssessment)。其基本原理是:采用模拟黑客攻击的形式对目标可能存在的已知的安全漏洞进行逐项检查(目标是工作站、服务器、交换机、数据库的结构等),然后根据扫描结果向系统管理员提供周密可靠的安全性分析报告,为网络安全的整体水平产生重要的依据。通过网络安全扫描,系统管理员能够发现所维护的 Web 服务器的各种 TCP/IP 端口的分配、开放的服务、Web 服务件的版本以及这些服务及软件呈现在 Internet 上的安全漏洞。

一次完整的网络安全扫描分为三个阶段：

·第一阶段，发现目标主机或网络。

·第二阶段，发现目标后进一步搜集目标信息，包括操作系统类型、运行的服务以及服务软件的版本等。如果目标是一个网络，还可以进一步发现该网络的拓扑结构、路由设备以及各主机的信息。

·第三阶段，根据搜集到的信息判断或者进一步测试系统是否存在安全漏洞。

网络安全扫描技术包括 Ping 扫射(Ping Sweep)、操作系统探测(Operating System Identification)、端口扫描(Port Scan)以及漏洞扫描(Vulnerability Scan)等。这些技术在网络安全扫描的三个阶段中各有体现。

三、防火墙技术

目前保护网络安全最主要的手段之一就是构筑防火墙。防火墙是一种计算机硬件和软件相结合的技术，是在受保护网与外部网之间构造一个保护层，把攻击者或非法入侵者挡在受保护网的外面，它强制所有出入内外网的数据流都必须经过此安全系统，并通过监测、限制或更改跨越防火墙的数据包，尽可能地对外部网络屏蔽有关受保护网络的信息和结构来实现对网络的安全保护。因而防火墙可以被认为是一种访问控制机制，用来在不安全的公共网络环境下实现局部网络的安全性。

防火墙能有效地控制内部网络与外部网络之间的访问及数据传输，从而达到保护内部网络的信息不受外部非授权用户的访问和过滤不良信息的目的。一个好的防火墙系统应具有以下 5 个方面的特征：

(1)有的内部网络和外部网络之间传输的数据必须通过防火墙。

(2)所有被授权的合法数据及防火墙系统中安全策略允许的数据可以通过防火墙。

(3)防火墙本身不受各种攻击的影响。

(4)使用目前新的信息安全技术，比如现代密码技术等。

(5)人机界面良好，用户配置使用方便，易管理。

防火墙不仅仅是实现了某一项技术,而是将多种技术和多种安全机制集成在一起的网络安全解决方案,其中最主要的是访问控制,对于其他的技术,不同的防火墙产品面对不同的需求有着不同的实现方法。

四、杀毒软件

计算机杀毒软件的发展是建立在计算机病毒恶意增长泛滥基础之上的。安装、使用杀毒软件也是作为病毒防护的基本手段。计算机杀毒软件分为单机版和网络版。单机版是针对个体用户,网络版是面向局域网的用户群体。两者在使用和管理上是有区别的。

1.杀毒软件的使用

杀毒软件是维护计算机网络安全的重要保障。为了能够更好地发挥杀毒软件保障网络安全的作用,有必要对杀毒软件的正确使用进行研究。

(1)选择适合的杀毒软件。作为计算机网络病毒的克星,随着网络病毒的发展,杀毒软件的查杀毒功能也在逐步地完善和健全。目前市场上的杀毒软件品牌和型号都比较多,用户可以根据自身电脑的配置情况,根据自身工作和电脑的使用性质选择一款适合的杀毒软件,并对软件进行经常性的维护和升级。

(2)进行经常性的升级和查杀毒。经常对杀毒软件进行升级和对计算机系统进行病毒查杀处理是必需的。正常情况下,杀毒软件每周升级一次已经是最基本的要求了,用户不及时升级,致使一些病毒进入计算机系统内部,不断繁殖,最终影响到计算机运行速度和系统的安全性。查杀病毒是发现潜在和现实病毒危害的有效手段,坚持每天查杀毒尤其是加强对电子邮件的监控,可以有效地保障网络系统的清洁,从而保障网络的安全。

(3)杀毒软件设置。杀毒软件有许多备选功能,忽略了杀毒软件的各种设置,就会使杀毒软件的功效大打折扣。很多优秀杀毒软件都具有定时查杀病毒、查杀未知病毒、实时监控等多项功能。如果用户在使用杀毒软件前能够选择设置相关的功能,将会增强杀毒软件对病毒的防范能力。

(4)杀毒软件配合其他安全工具一起使用。杀毒软件的查杀毒功能也是在不断完善中实现发展的,同时杀毒软件的查杀毒功能目前由于技术的原因,还存在种种不足,杀毒软件从维护网络安全的角度上来说只是属于一种事后监督和清理,是一种被动的查杀,并不是一种主动的防御,因而杀毒软件的使用必须与防火墙、完善计算机硬件和提升有关用户的相关管理水平结合在一起才能最大限度地保障计算机网络的安全。

2.杀毒软件核心技术

(1)虚拟机脱壳引擎。当病毒文件在计算机上运行之后,目标机器自然会被感染上病毒。而为了保护计算机不被直接传染,一种新的思路提了出来,这就是"虚拟机脱壳引擎(VUE)技术",这种技术会给病毒构造一个仿真的环境,诱骗病毒自己脱掉"马甲"。最为重要的是这种技术可以把病毒与计算机隔离开来,病毒在虚拟机的操作不会对用户计算机有任何影响,目前这种技术已经发展到非常成熟的地步,几乎所有的杀毒软件都采用这种技术,代表产品有瑞星、江民、金山旗下的各类产品。

(2)启发式杀毒。启发式杀毒技术是指"自我发现的能力"或"运用某种方式或方法去判定事物的知识和技能",启发式杀毒代表着未来反病毒技术发展的必然趋势。它向人们展示了一种通用的、不需升级的病毒检测技术和产品的可能性。但这种引擎技术也存在明显的缺点,即如果引擎的灵敏度过高会出现较高的误报率,代表产品有 ESET NOD32 和 MCAfee。

(3)主动防御技术。通俗意义讲"主动防御",就是全程监视进程的行为,一旦发现病毒程序有"违规"行为,就会通知用户,或者直接终止进程。需要注意的是,"主动防御"并不能100%发现病毒或者攻击,它的成功率大概在60%~80%之间。如果再加上传统的"特征码技术",则有可能100%发现恶意程序与攻击行为了。但这种技术也有一个弊端,那就是杀毒软件会不断地弹出提示,询问用户,如果用户不懂计算机,那么将很难应付,所以不适合大部分普通用户。目前诺顿、卡巴斯基等主流安全厂商,都已经向"主动防御"+"特征码技术"过渡了,可以说这是安全系统的一个发展趋势。

杀毒软件对维护计算机网络的安全有着积极而重要的意义,主要包括:

· 防火墙等网络安全工具的不足。防火墙是忠诚的网络安全卫士,但有时由于防火墙本身的漏洞或其他的技术性因素,一些病毒、木马、恶意流氓软件等常常能够突破防火墙的隔离,进入网络系统从而危害网络系统本身的安全,杀毒软件能够对穿越防火墙的病毒进行查杀,从而保障网络系统的安全。

· 电脑软件、硬件和人工管理等方面的不足。计算机网络安全涉及到软件、硬件和人员管理等方方面面的因素,由于影响性因素多样而复杂,常常导致计算机网络出现种种漏洞而成为被攻击的对象,杀毒软件可以及时地查杀进入系统内的各类病毒,从而保证系统的稳定性、安全性。

五、云安全

云安全是最近一段时间十分热门的网络安全名词,它是由我国率先提出的概念。从总体看,云安全可以视为云计算在网络安全领域的一次概念和技术的突破,是反病毒领域的一次创新。

1. 云计算的概念

"云"的概念由来已久,早在很久之前就有人用"云"来描述基于网络的服务,它表示的是互联网的某一端拥有的一种强大运算能力。由于互联网的急速成长,软件成本、硬件成本、人力成本等不断增加,数据空间的缺失,计算方式的纷繁众立,各种网络服务模式的功效已经大不如前。如何进一步发挥互联网的作用,扩大互联网的价值,成了业界人士深入思考的问题。

人们逐渐认识到，以硬件为中心的时代已经过去，当下更应该注重的是软件与服务，以及一种能够链接众多计算机群的大规模数据处理平台。在这样的环境下，云计算的概念于 2007 年底正式提出，它已经被视为计算机应用未来发展的主要趋势。在 2007 年，亚马逊、谷歌、IBM、雅虎等 IT 巨头相继推出自己的"云"，掀起了"云"风暴。

云计算是分布式计算、并行计算和网格计算的商业化实现，是虚拟化、效用计算、HaaS（硬件即服务）、SaaS（软件即服务）、IaaS（基础设施即服务）、PaaS（平台即服务）等概念的综合与发展。云计算利用虚拟化技术，通过不同的策略，针对用户的不同需求，动态、透明地提供其所需的虚拟计算与存储资源，为搭建统一开放的知识网格系统提供了技术支持。

简单地说，云计算就是网络中所提供的各种应用以及提供这些应用的软件和硬件。由于软件和硬件都可以通过计算机加以集成，因此目前更为普遍的说法是计算机和服务器集群即是云。

2. 云计算的分类与特点

云计算根据它所服务的用户可以分为公共云和私有云。公共云是指作为网络数据中心为大众提供即付即用的对外开放服务的云。私有云是指作为组织内部数据中心，为组织内部员工提供服务的云。

云计算机提供即需即用、即付即用、不间断的服务模式，低成本、丰富的计算机资源，由于它具有高复用性，因此它的建设成本和服务成本都可以降得很低，为可持续发展打下了坚实的基础。

云计算具有如下特点：

·规模性。云计算要求有海量的计算机或者是服务器集群，一般私有云都会有上千台的服务器。而像亚马逊、雅虎、谷歌等 IT 服务商的云后都有几十万台甚至几百万台的服务器作为海量计算的支撑。

·便捷性。便捷性体现在两个方面：一个是数据的存储方面；另一个是用户的应用方面。数据存储在云后端，所有电子设备都可以通过网络来访问和使用，实现了数据共享。用户可以通过各种终端设备来连接，降低了用户使用的门槛。而且用户不用提前制定使用计划，可以即需即用，即付即用。

• 分布式。云计算是一种分布式计算系统，它具有高度的灵活性和扩展性，以及强大的数据可靠性和安全性。它使用了计算机互换、多副本容错的技术，并且可以兼容不同厂商的不同设备。

• 虚拟化。云计算系统并不是一个有形的、固定的实体系统，而是采用虚拟化技术实现的不同计算机之间大规模互联，分担网络风险。

3. 云计算的发展趋势

云计算自从 2007 年开始实用以来，经历了几年的飞速发展和得到了广泛而激烈的讨论。目前，在实践中存在且拥有很大影响力的"云"计算。

云计算发展时间很短，还没有深厚的理论基础，也没有广泛的成功应用案例，因此在发展历程之中，也难免遇到各种各样的困难，比如数据传输瓶颈问题、性能难测问题、存储系统的可伸缩性问题、信誉共享问题、软件执照问题等。由于云计算发展时间短，发展还不能算是成熟，因此现在谈论云计算的发展趋势有些为时过早。但是通过云计算领域亟待解决的问题，可以大体看出最近一段时间云计算的热点领域和研究方向。

• 在各个领域的应用。云计算特有的优点，为用户提供便捷、低成本的存储和计算解决方案，因此在科学研究、搜索引擎、网络安全等领域将有广阔的发展和应用空间。

• 用户使用电脑方式的转变。未来的计算机的作用可能只是使用云计算之上的各项服务，用户因此将从以桌面为核心进行各种活动转移到以 Web 为核心进行各种活动。

• 新技术的应用。云计算也是各种计算方式的综合与发展，它也需要随着社会需要的增加而引进新的技术来做支撑。

• 云计算的标准化。目前云计算都是为了各公司自己的商业目的而存在的,还没有一个国际统一的定义或者接口标准。因此,云计算的标准化将是势在必行的一个阶段。

4.云安全

云安全是云计算技术结合网格技术、P2P技术等计算技术在网络安全中的一个应用,用来解决传统的病毒查杀方法所具有的缺陷和问题。传统病毒查杀方法其主要是特征辨别法,即通过比较病毒的特征码与病毒库中代码的异同,如果病毒库中有与某一段程序中相同的特征码,那么就会认为这个程序是病毒。如果一个新病毒产生,那么将由用户上报病毒样本,通过病毒工程师的分析测试,如确定为病毒的,即对这个病毒样本提取特征码,加入到病毒库中,之后提示用户升级病毒库,这个循环反复进行。它的缺点十分明显,因为其过于依赖病毒库,随着病毒数量和种类与日俱增,病毒库如果无限度地扩大下去。将会对服务器和客户端造成巨大的负担。在木马横行、恶意程序肆虐的信息时代,传统的特征码式防毒杀毒的办法效率大幅下降。因此,需要一种新的技术加入到反病毒的阵营。云安全就出现在我们视野之中。

什么是云安全?根据瑞星"云安全计划"中的定义,云安全(Cloud Security)是网络时代信息安全的最新体现,它融合了并行处理、网格计算、未知病毒行为判断等新兴技术和概念,通过网状的大量客户端对网络中软件行为的异常监测,获取互联网中木马、恶意程序的最新信息,推送到服务器端进行自动分析和处理,再把病毒和木马的解决方案分发到每一个客户端。瑞星公司认为,在云安全的架构里,参与者越多,整个网络越安全。

(1)云安全的发展历程及关键技术

云安全的发展大致经历了三个阶段。

第一个阶段,是宣传阶段。那时云安全只是一个虚无缥缈的概念,各企业借助云计算在其他领域的名气,在网络安全领域大肆渲染其功能,强调的重点也是五花八门,有的强调客户集群,有的强调服务器集群,有的强调带宽,但什么是真正的云安全并不十分清晰,正处于炒作宣传阶段。

第二个阶段是产品实验阶段。在这个阶段,各个企业都根据自己所强调的重点开发出相应的网络安全产品。比如趋势科技的产品强调构架一个庞大的黑白名单服务器群,建立在大量服务器基础上,最终目的是让威胁在到达用户计算机或公司网络之前就对其予以拦截。瑞星的产品强调海量的客户端,一旦客户遇到危险网站或者恶意程序,就会及时作出感知反应,并将可疑文件上传。其目的最终是要实现无论哪个网民中毒、访问木马网页,都能在第一时间感知,并从云端获取解决方案。不难看出,在产品试验阶段,云安全系统知识在某一方面比较突出,在总体功能上还是存在着不足。

第三个阶段是产品改良阶段。在这个阶段,可以说实现了客户端和服务器端各种功能的融合,不仅能控制病毒、木马、恶意软件,还能过滤某些站点、上网控制、对用户应用协议的控制、对 IM 应用的记录与过滤、对 P2P 软件的管理与控制等。各家产品逐渐走向大规模应用,整体效果日渐突出。

由云安全的发展历程,可以看出云安全系统本质上由两大部分组成:即客户端和服务器端。客户端采用可疑文件样本自动上传、智能主动防御、行为分析、防木马模块、启发式扫描等技术,在用户触及含有木马的网站和病毒的时候,主动将这些威胁拦截在电脑之外,同时将这些木马网站、病毒和安全威胁信息上传给"云安全"服务器进行自动分析处理。服务器端,也就是智能自动分析处理系统,对病毒样本和木马网站分别进行自动分析处理,并利用"云安全"系统,将解决方案快速分发给所有用户,两大部分是一个交互的过程。

(2)云安全的技术要素

云安全的技术要素主要包含以下几个方面:

①白名单技术。白名单技术类似于常见的黑名单技术,作用略有不

同。黑名单主要用来记录隐含危险的特征码,但是事实上,很多并没有恶意的特征码也会被列在其中。而白名单的作用就是将它们列举出来,以此降低误报率,基于黑白名单的服务器集群,是云端提供优质服务的保证。

②威胁信息统计。客户端在遇到可疑情况之后,会自动将可疑文件上报,结合各种方式将收集到的信息存入云端,然后服务和支持中心对威胁数据进行分析。

③行为关联分析技术。通过"相关性技术"可以把威胁行为进行综合比较,结合其不同的行为方式来判断其是否属于恶意行为。通过把威胁行为关联起来并不断更新其威胁数据库,就能使客户端的计算机实时做出响应,提供及时、自动的保护。

④网络信誉认证。借助信誉数据库,云安全可以按照恶意软件行为分析所发现的网站页面、历史位置变化和可疑活动迹象等因素来指定信誉分数,从而追踪网页的可信度。通过信誉分值的比对,就可以知道某个网站潜在的风险级别。当用户访问具有潜在风险的网站时,就可以及时获得系统提醒或阻止。

(3)云安全的作用

云安全系统是一个开放的平台,允许有不断的客户端加入,为云安全注入新鲜的血液。它还可以与其他软件相兼容,即使用户使用不同的杀毒软件,也可以享受"云安全"系统带来的成果。

云安全具有如下作用:

·数据的安全存储。云安全系统提供了安全可靠的数据存储中心,对数据进行集中存储,从而更容易实现安全监测,保障数据安全。数据中心的管理者可以对数据进行统一管理,负责负载的均衡、软件的部署、安全的控制等,并拥有更可靠的安全实时监测。

·事件的快速反应。云安全系统为用户提供了强大的安全防御能力,这种防御能力就建立在对异常事件的快速反应。当用户遇到病毒、木马或者恶意程序的时候,客户端将会自动上传可疑文件给服务器集群,服务器集群将会快速处理,并将解决方案传递到云中的每一个客户端,这样就实现了当有一个受害者之后,其他客户端都将得到此异常事件的免疫。如果有某个服务器在云中出现了故障,则用户只需克隆该服务器并使得克隆后的服务器磁盘对数据进行读取即可,不需要临时寻找存储设备,节省了大量的时间,提高了安全性。

・强大的计算能力。由于云端有数以万计甚至上百万的服务器作为数据处理后台,可以为普通用户提供大约每秒 10 万亿次的运算能力,其计算能力不言而喻。

・可观的经济效益。云端所提供的数据存储中心,处理中心具有很好的成本优势。存储成本是单独运行数据中心的 1/10,计算成本是 1/3,带宽成本是 1/2,并且有良好的市场应用前景,也吸引了很多行业的关注,云安全系统会有可观的经济效益。

・日志的实时查询。云端的存储中心可以帮你随心所欲地记录你想要的标准日志,而且没有日期限制,还能根据日志实现实时索引,以及探测到计算机的动态信息,轻松实现实时监测。

(4)云安全的发展

信息安全市场正在发生着变化,这些变化可能对未来 3~5 年安全技术产业市场的格局包括相关技术的架构和形态产生深远的影响。这些变化包括安全功能的细分和拓展、一体化趋势、系统级安全信息的加强,更为显著的是互联网对于信息安全技术的影响。近几年病毒的发展,使传统的安全模式已经越来越吃力。与传统信息安全模式不同的是,云安全更加强调主动和实时,将互联网打造成为一个巨大的"杀毒软件",参与者越多,每个参与者就越安全,整个互联网就会更安全。有专家指出,将来的 5~10 年,会有更广大区域的网民从 PC+云模式中受益,IT 业务模式也会因此发生重大变化,软件+网络+服务将是 IT 未来之路的重要途径。

第七节 打击黄色网站刻不容缓

请看一则网络消息：

报社的叔叔阿姨：

你们好！我是云阳的一名初中生。也不知道什么原因，最近一段时间我们班上好多同学经常上网打开黄色网站观看一些淫秽色情图片，并且还在班上聚集起来大声谈论，他们也在校园里、路上"宣传"，话说得不堪入耳，影响了班风。听其他班、其他年级的同学说，这种情况在他们那里也不例外。有的同学甚至还理直气壮地说，我们也是在接受这方面的教育。但我想，作为一名初中生，不好好读书，整日沉迷于这些不良信息中，不仅影响学习成绩也有害身心健康，长时间下去，有可能"成长"为问题孩子，会给社会造成一些麻烦。

我想请晚报提醒广大的中学生，不要去接触那些不良信息，也希望公安部门严厉打击那些宣传不良信息的网站。

一名关心未来的中学生

根据这位初中生在信中提供的几个网站网址，记者随即上网搜索，打开其中一网站，页面上就出现几幅不堪入目的照片，所登出的"广告"

更是极尽挑逗之能，如："一个惊喜连篇的中文激情网络、每周更新、不同

惊喜、最够分量的现场表演、最刺激的火热电影"等等。该网站还明码标价入会会费：38元/月、188元/半年、338元/全年。另一网址的内容则是所谓的在线小电影，只要点击其中任意一个"播放"画面，随即弹出极为下流的黄色片段。其实，这位学生所提供的黄色网站不过是"冰山一角"。记者在浏览中注意到，互联网上轻易就可查到大量类似的黄色网站。在"google"搜索引擎中，仅输入诸如"贴图"的关键词，就可找到18万条网站记录，其中不少是"少儿不宜"的网页。在颇受学生欢迎的"中国游戏中心在线游戏"中，记者注意到，其游戏大厅的信息公告栏上，不时有人打出所谓"激情电影在线"、"偷窥无罪"之类的广告。南坪一网吧网管员告诉记者："网上的黄色网站简直多如牛毛。只要上网，不管年龄多大，查找都不难，而且这些网站相互连通，登陆一个，就可找到一大片。"

　　以上是学生和记者的发现，现在中学生上黄色网站越演越烈，社会上裸聊、网婚也层出不穷，引起家庭的矛盾，犯罪的滋生，这些现象不能不引起我们的重视。

　　青少年的性意识刚刚萌芽，是"网络色情"的高发群体。一些孩子可能因某个偶然机会接触到了某种形式的色情图片或者视频，就很容易陷入其中并且无法自拔。另外，由于这些未成年孩子尚未建立起成熟的性爱和性道德观念,因此在网络色情成瘾后,常常会伴随羞耻、内疚、自责的想法,影响学业、人际以及心理的健康发展。此外,虚拟性爱引起的性冲动,也可能会导致青少年走向犯罪的边缘。

网络色情之所以能够危害到青少年,多半是因为孩子们的好奇心。由于社会规范对于黄毒的一再"封锁"和"禁锢",势必会让处于青春期的少男少女(尤其是男孩子),觉得相当神秘,并产生探索的欲望。制黄者正是抓住了青少年好奇心强、辨别是非的能力弱的特点,向青少年毫不留情地伸出了毒手。

打击色情网站——另一种"禁毒"

互联网上淫秽色情内容呈泛滥之势,这已引起广大人民群众的强烈不满。打击淫秽色情网站,是另一种"禁毒"。我们要采取各种有力措施,不让精神上的"海洛因"吞噬成千上万青少年的心灵。

淫秽色情网站不打不得了!据新华社记者报道,在国务院新闻办和信息产业部的指导下,由中国互联网协会互联网新闻信息服务工作委员会主办的"违法和不良信息举报中心"网站6月10日正式开通,立即引起社会各界的强烈反响,日访问量高达400万次。仅6月10日至13日的3天里,举报中心就接到各类举报4603件,其中有效举报约3000多件,95％以上是针对淫秽色情网站的。这说明情况已相当严重,已经到了令人不能容忍的地步。严打淫秽色情网站,远离精神上的"海洛因",势在必行!

我们要用现代化的手段,即以其人之道,还治其人之身,加大查处力度,查封这些色情网站。因为它们的经营方式是极其隐蔽的,多数只申请一个域名,然后把网站或网页挂在别人的服务器上,有的隐身链接在大的门户网站上。据了解,为延伸产业链,相当一部分门户网站纷纷发展自己的网络或短信联盟,依靠这些中小网站,最大范围地推广自己的信息服务。个别网站最高的月收入可达几十万元。我们的有关部门必须要研究一下,如何联起手来共同对付这些为赢利而不惜以身试法的犯罪分子。我们要想方设法把这些制造淫秽色情网站的坏人,从阴暗的角落里,一个个地挖出来,绳之以法。要查实一个,处理一个;查实一批,处理一批,毫不留情。除依法对他们处以重刑外,还要在经济上给这些不法分子以沉重的打击,使他们捞不到任何好处,叫他们"赔了夫人又折兵"。

网络"禁毒",人人有责。一方面,要重拳出击,群起而攻之,形成全国上下严打阵势,狠狠打击淫秽色情网站。对这些犯罪分子手软,就是对未成年人的犯罪。另一方面,家长、教师、居委干部应当联手,筑起一道让青少年远离网吧的"防火墙"。杨浦区延吉街道与辖区学校联手,开展"未成年人向网吧道别"活动,一支由 300 余名中小学生组成的"暑期绿色网吧卫士队"出现在社区 11 个网吧门口,劝告未成年人远离网吧。许多中小学暑假期间也在学校里辟设"绿色网吧",供孩子们上网。这些做法都是好的,值得推广和发扬。

青少年网络安全成全球化问题　各国打击网络色情

互联网成为人们日常生活的一部分,而手机的推广和普及,更拓展了网络应用的渠道。在此情况下,藏身于网络的色情危害日益突出。在假期里,为青少年营造安全上网环境尤为重要。

周先生的女儿才上初二,她和家长之间有严重的代沟,每天放学回家后就把自己关在屋里上网聊天。有一次周先生给她送水果时无意中发现,她和一个网友互称夫妻,他们不仅在网上有自己的房子、家具,还生了个孩子,养了宠物狗……

周先生被气坏了,平静之后,他严肃地"审问"了女儿,才知道对方竟然是有妻子和儿子的三十出头的"叔叔"……周先生实在忍无可忍,气愤地说:"你这么小,怎么就当第三者破坏别人家庭呢?这个男人也犯了重婚罪呀!"但女儿竟无所谓地反驳说:"这有什么了不起,不就是玩玩吗,谁会当真啊!网婚都不懂,真土!和他结婚、生孩子都是在网上虚拟的事儿,又不是真的,再说,我周围的同学都在玩。你少教训我!"

像这样的事情,恐怕很多家长都遇见过。大多数的家长也都很担心孩子会因为迷恋网络婚姻,耽误学习不说,一旦做出越轨的事情,后果简直不堪设想。

从心理学的角度讲,这些青少年选择"网婚",原因也是多种的,一般都是缺失爱与归属感,或学习压力大及性压抑引起。有些年轻人是企图通过网络婚姻的方式排解寂寞和寻找补偿,或为尝试新鲜等,因为在现实中不容易实现,而选择了到网上去体验感受。这种游戏充斥着性语言,超过了一般的游戏范围,与传统的伦理道德相悖。为什么有这么多青少年迷恋网络婚姻呢?

因为互联网已成为人类生存的第五要素,谁与互联网络完全隔绝,意味着谁将与世界完全隔绝。据了解,中国现在享受网上婚姻的网民约有100万。以某网站为例,开设仅1个月,申请爱情公寓入住者就达10万人之多。目前,国内有不少网站相继开辟了虚拟网络婚姻社区,与网络婚姻有关的网站有近百个。在某网络婚姻网站,大部分会员为20~35岁的年轻网民,其中也有十几岁的青少年。

于是很多家长向青少年心理问题专家请教解决之法,专家也针对具体孩子的个案,回答了家长的疑问。造成青少年喜欢玩"网婚"的原因,要从几方面来说。

首先,网络婚姻与现实婚姻有本质的不同。网络婚姻完全是虚拟的,具有隐匿性的双方依赖图文符号的互动完成结婚过程,无须背负婚姻的义务与责任,因此,它不是真正法律意义上的婚姻,谈不上丝毫的法律效力及重婚罪。

其次,"网婚"是十足的精神外遇,如同一面镜子,照出了"网婚"青少年精神世界的需要。因为"网婚"双方都投入了巨大的情感乃至金钱。如需上网费、购房、购家具、互送礼品、戒指、请客吃饭等真钱开支,非但不虚拟,而且最现实。

最后,一些中学生由于青春期性知识缺失,加之性冲动和对异性好奇,便步入了"网婚陷阱",而且毫无遮拦地与成人说性道欲。这是很危险的,难免有越轨的"试一把"的可能性,长此下去会严重影响他们的身心健康。

让家长们更关注的是:在网络婚姻中,青少年尝试着体验青春的梦想,这虽然是美好的,但却是一种不成熟的精神恋爱,易使身心受到很大的伤害,贻误学业。网络婚姻要求玩主天天上网"回家",费时误课,同时还学会了虚伪。网络婚姻中众多的虚假信息诱导青少年脱离实际,言行不一,长此以往,将有碍诚信观的形成,曲解婚姻。婚姻是确立夫妻关系的一种法律行为,必须符合法定的条件和履行法定的程序。婚姻是男女双方以共同生活为目的,以夫妻的权利和义务为内容的结合,不能仅凭自我情感的需要随意组合、解体和重新选择。如果任由网络婚姻发展,视婚姻为游戏,有违婚姻的神圣。

所以,对于陷入"网婚"的青少年们,家长们需要理性地审视这份感情,分析孩子在现实生活中有哪些不如意,内心有哪些长期无法解决的矛盾冲突,然后帮助他们调整、正视自己的心理问题,重新回到正确的人生道路上来。

(1)树立正确的婚恋观。婚姻是人生大事,不仅是情感的需要,更是责任和义务的承担,网络婚姻只不过是水中月、镜中花。

(2)开展丰富多彩的课余活动,提升学生应对生存的各种能力,营造诚信的生活氛围。"以诚为本,以信为先",积极倡导诚善于心,言行一致,弘扬真善美,鞭挞假恶丑,让学生真正认识到诚信为立身处世的根本,把诚信作为做人的准则。

(3)推动校园和谐人际关系的形成。校园是一个大家庭,需要师生互相关爱,让学生体会到关爱他人的责任,以此形成和谐的人际关系,让学生健康成长。

当前,我国正大力进行整治互联网和手机媒体淫秽色情及低俗信息专项行动。网络的色情危害现在已经成了国际问题,美国、德国、日本、韩国、新加坡等网络发达国家,共同面对挑战,出招打击网络色情这个顽敌。

日本：小学生上网者逾5成
未成年人登录成人交友网站成社会问题

日本一家互联网搜索引擎门户网站"Goo"与三菱综合研究所联合进行的一项调查显示，日本小学生上网者平均已超过5成，其中六年级学生的上网率约为9成。调查还显示，11.2%的小学生通过手机上网。

与此同时，日本未成年人因登录成人交友等网站而受到伤害的案件也屡屡发生。为此，日本政府实施的《青少年网络环境整备法》中，对网络运营商、监护人应承担的责任做出了明确规定。

该法律要求，手机网络运营商在向未满18岁的未成年人提供服务时，必须在手机中安装过滤有害网站的软件；电脑厂商在向未成年人用户出售产品时，必须为其安装过滤软件提供便利；监护人则有义务掌握孩子上网情况，并通过过滤软件等手段对上网孩子进行管理等。

不过，由于未成年人对过滤软件的抗拒情绪，让政策推进面临很大的阻力，商家的商业利益和法律的难操作性，也让《青少年网络环境整备法》的推行面临诸多困难。但《青少年网络环境整备法》实施后，在保护未成年人上网安全方面起到了明显的积极作用。日本警察厅公布的数据表明，2009年上半年，因上交友网站而受害的未成年人为265人，比上年同期下降了25.6%。

在日本，为防止孩子浏览有害网页而设置了过滤服务的家庭达25.6%，互联网过滤业务正在逐步普及。

韩国：上网者占全国总人口近70%
实名上网分级严格

韩国是世界上互联网最普及的国家之一，上网者占全国总人口近70%。

韩国在网络管理方面特别值得借鉴的措施是实行了网络实名制。登录韩国35家主要网站的用户，输入个人身份证号码等信息并得到验证后，方可发帖。

而对那些不宜青少年浏览的网站，更是实行了严格的年龄和身份核实措施。门户网站和新闻类的网站，不能含有青少年不宜内容，成人类的网站限制较少，但必须实行身份和年龄确认。

韩国政府下属的信息通讯伦理委员会内设立有24小时运行的"有害信息举报中心"，韩国信息通讯部利用技术手段，阻止网民从国外网站下载并转载淫秽视频。根据规定，韩国网站如果不主动屏蔽有关淫秽、违法和涉嫌诋毁他人名誉的网络文章和影像资料等，将要对这些不良信息引发的纠纷负相关法律责任。韩国政府曾逮捕了100多名在网上随意散播色情信息的嫌疑犯，并对其中的一些人处以了重罚，还将8家散布淫乱信息的网站举报给警察厅。

新加坡：政府出资培训家长指导孩子安全上网

新加坡《广播法》明确规定，新加坡三大电信服务供应商负有屏蔽特定网站的义务。政府有权要求供应商删除网站中宣扬色情内容的言论。若供应商不能履行义务，将会被罚款或被暂时吊销营业执照。此外，政府还鼓励供应商开发推广"家庭上网系统"，帮助用户过滤掉不合适内容。据悉，新加坡媒体发展管理局迄今已屏蔽了100多个包含色情等不良内容的网站。

新加坡政府还成立"互联网家长顾问组"，由政府出资，通过举办培训班等方式，帮助家长指导孩子安全上网。传媒发展局还设立了500万美元的互联网公共教育基金，用于研制开发有效的内容管理工具、开展公共教育活动和鼓励安装绿色上网软件。

德国：设立"网上巡警"24小时跟踪监督

德国最高刑事法庭规定，在互联网上散播儿童色情内容同交换类似内容的印刷品没有区别，都将面临最高达15年监禁的处罚。

在德国，对"传播和拥有儿童色情信息"的打击一直是遏制网络犯罪的重点。为此，德国联邦内政部和联邦警察局24小时跟踪分析网络信息，并调集打击色情犯罪的专家和技术力量成立了"网上巡警"机构。

如果有网民试图打开含有儿童色情内容的网站，网页将显示警告说明，同时开始运行的还有一个信息举报站。

为了保护手机用户不受干扰,德国手机入网实名登记。这些手续包括用户身份证、住址、银行账户等,并输入到电信运营商的数据库备案。值得一提的是,德国所有电信运营商对未成年人客户,都要给他们的用户设置防色情软件,以防范犯罪分子骚扰。

第八节　网络侵权国法不容

网络给人们发布信息和言论带来了前所未有的自由,伴随着这种传播自由的同时,也出现了一系列的网络侵权问题。那么,网络侵权行为是如何界定的呢?

网络侵权问题是一个崭新的课题,目前在我国还没有明确的规定。《中国民法典·侵权行为法编草案建议稿》中把网络侵权的概念定为:"通过网络从事侵害他人民事权利和利益的行为。"

网络侵权责任的构成一般包括以下四个要素:

1. 侵权行为

这里的侵权行为是指上述的一般网络侵权行为和特殊网络侵权行为。

2. 损害事实

按照侵权法的一般原理,损害事实是侵权责任构成的前提,侵权损害赔偿之债必须以损害事实的存在为前提。

3. 因果关系

因果关系是归责的基础和前提。在网络侵权中,有的主张按"必然因果关系说"来确定;有的主张按"相当因果关系说"来确定因果关系;还有学者认为,较为恰当的选择是"特定的相当因果关系说",即以"必然因果关系说"作为确定因果关系的一般原则,而以"相当因果关系说"作为确定因果关系的特殊原则。对于网络侵权中因果关系的确定,是个相当复杂而特殊的问题,应综合考虑各种相关因素,所以第三种观点较为合理。因为,首先网络侵权不同于传统的非网络侵权,加之网络侵权有不同的形态和表现,因而传统的非网络侵权因果关系的确定原则不能机械地适用于网络侵权;其次,以"必然因果关系说"作为确定因果关系的一般原则,这符合责任自负原则,也有利于网络发展;最后"相当因果关系说"作为确定因果关系的特殊原则,有利于充分保护权利人的合法权益,有利于预防和制止网络侵权的发生和蔓延。

4. 过错

过错是指行为人通过违背法律和道德的行为表现出来的主观状态,是行为人的主观意志和违法行为的统一。网络侵权行为一般是不知的,也是不应知的,因此在网络侵权中没有过错,也不应该承担网络侵权责任。但在有些网络侵权情况下也存在过错或应推定为有过错的。这种过错主要表现为对自己网络侵权的过错和对他人网络侵权的过错。因此网络侵权的归责原则不同于非网络侵权的归责原则,对网络侵权的认定也不同于对非网络侵权的认定。不同的网络侵权,其归责原则不同。

链接:

国家版权局 18 日公布一批网络侵权盗版典型案件

由国家版权局、公安部、工业和信息化部共同组织开展的第五次打击网络侵权盗版专项治理行动自 2009 年 8 月开展以来,各地共查办网络侵权案件 541 件,关闭非法网站 362 个、没收服务器 154 台,采取责令删除或屏蔽侵权内容的临时性执法措施 552 次,罚款总计 1282500 元。国家版权局 2009 年 12 月 18 日公布了 10 起典型案件。

淘宝网上销售《朱镕基答记者问》盗版本案

陆某、曾某、葛某等 7 名卖家通过八个淘宝网店销售侵权盗版出版物《朱镕基答记者问》170 本。版权部门责令淘宝网删除盗版本销售的相关链接,处分相关责任人并加强版权管理制度;对陆某作出"责令停止侵权行为,并处罚款 1 500 元",对曾某作出"责令停止侵权行为,没收违法所得 23.85 元,并处罚款 1 000 元",对葛某作出"责令停止侵权行为,没收违法所得 5.4 元,并处罚款 100 元"。对其他当事人分别作出停止侵权行为、警告等处罚或教育疏导处理。

"天堂蚂蚁"游戏私服侵权案

2009年4月,根据群众举报,蚂蚁网站(http://ttsiji.com)涉嫌制作销售游戏外挂非法牟利,侵犯盛大公司网络游戏"永恒之塔"的著作权。经查,蚂蚁网站通过淘宝网、QQ群、网页宣传等方式进行兜售该外挂程序,非法经营额达300多万元。办案人员先后抓获主要涉案犯罪嫌疑人11名,暂扣非法所得260多万元,后经检察机关批准逮捕6人,公安机关取保候审5人。

"A199"网站影视作品侵权案

2009年4月,版权执法人员在网上日常检查中发现"A199"网站内存有大量的侵权盗版影片。根据在网络上提取的侵权证据,版权、公安执法人员赶赴侵权行为地,将犯罪嫌疑人黄某抓获。经查,该网站2008年6月开办以来,陆续上传各类侵权盗版影片2000余部,并在各个论坛上对该网站进行宣传。

"天线视频"网站影视作品侵权案

根据群众举报,"天线视频"网站上存在大量未经授权的中外影视作品,其中电影达3800余部、电视剧达370余部,并且以每天10部以上的速度增加。经查,该网站未经授权播放的影视节目中半数以上的点击数量在500次以上,部分影视节目点击数量达几十万次。该网站虽未直接向用户收费,但其中绝大部分影视节目中均嵌入了贴头广告,以获取巨额利益。

"一点智慧"软件作品网络盗版案

2009年4月,版权部门在日常鉴定工作中发现"一点智慧"工程造价软件涉嫌盗版江苏新点软件公司研发的《新点软件(一点智慧)》,并通过www.ahsjms.net和www.anhuisoft.net等两个网站销售"一点智慧"盗版软件。版权局、公安部门共同组成专案组,一举抓获销售侵权盗版软件的犯罪嫌疑人汪某和蒋某,当场查获盗版软件100余张、作案工具笔记本电脑1台、涉案赃款6万余元;并根据查获的案件线索,查获犯罪嫌疑人汪某私刻的新点软件有限公司公章和业务章各 1 枚、销售台账 20 本、新点盗版软件光盘 200 余张、加密锁 55 个、刻录机 1 台、电脑 1 台等涉案物品。根据销售台账提供的信息,已查实经济往来发生额累计达 200 余万元。

"霓裳小轩"网站文学作品侵权案

"霓裳小轩"网站未经权利人许可,发布了中国作家协会 130 余名知名作家的 1 000 余部作品,通过注册收费和广告收入牟利,严重侵犯了相关作家的著作权,造成恶劣影响。

"o2sky"网站音乐作品侵权案

2009 年 7 月,中国音乐著作权协会和韩国音乐著作权协会联合投诉 www.o2sky.com 网站在互联网上大量提供韩国音乐作品供用户免费试听、下载,严重侵犯了韩国著作人合法权益。经查,该网站未经授权提供 98258 首歌曲、200 余部影视作品的在线收听、收看服务,通过收取会员费和广告费,获得非法收入约 70 万元。

名仕公司游戏私服侵权案

通过网络日常检查,公安、版权执法人员发现名仕公司未经许可经营游戏私服一条龙网站 49 个及大量网龙私服链接,严重侵犯网龙公司游戏著作权。公安、版权执法人员根据前期侦查,一举端掉私服窝点,当场抓获陈某等 16 名犯罪嫌疑人,扣押涉案电脑 71 台、涉案银行卡 7 张,关闭经营私服网站和私服链接,查明涉案金额近百万元;同时根据查获的案件线索,抓获盗窃网龙公司游戏源程序代码犯罪嫌疑人戴某,切断了侵权源头,瓦解了"游戏私服一条龙"产业链。2009 年 11 月,案件经法院判决:主犯陈某判处有期徒刑 1 年,其他 5 名从犯判处有期徒刑 11 个月。

"5151PK"网站游戏私服侵权案

根据群众举报,"5151PK"网站使用非法软件程序,侵犯腾讯公司相关游戏的著作权并造成了巨大的经济损失。经查,"5151PK"网站主办单位为杭州某公司。该公司通过利用非法外挂软件程序进行非法打币,每天非法打币、销售《地下城和勇士》的游戏金币折合人民币达 20 余万元,严重侵害了腾讯公司和游戏消费者的合法权益。在江苏、浙江公安部门协作配合下,现已抓获犯罪嫌疑人10名,捣毁2个非法生产游戏币窝点,缴获近1 000台用于非法生产游戏币的电脑及服务器,查明该团伙非法生产销售腾讯公司旗下的《地下城和勇士》和《寻仙》两款游戏的游戏币价值人民币2 000多万元。

第九节　侵犯知识产权　网络"小事"知多少

近年来,随着国家对知识产权保护力度的不断加强,广大群众的知识产权意识也在不断提升。不过,同学们可能并不清楚,我们平时所认为的一些"小事",其实也不自觉地侵犯了他人的知识产权。下面我们对生活中一些侵犯知识产权的"小事"予以介绍。

正版软件装多台电脑就变成了盗版

事件:18岁的小刘刚参加完高考,为了打发时间,专门到软件店选购了几张正版游戏软件,其中有一款是知名游戏《仙剑奇侠传4》。小刘觉得该游戏比较好玩,就向几位要好的同学进行了推荐,并将软件借给他们安装使用。

小刘说:"虽然一张盗版软件光盘只要四五元,但自己作为一名即将进入大学的学生,为了支持正版,保护知识产权,还是专门花了几百元买正版的,如这张《仙剑奇侠传4》就花了60元,价格是盗版的10多倍。我身边的同学和朋友都是玩盗版游戏长大的,几乎都没玩过正版的。就软件质量来说,正版确实要好得多,我也想借给他们体验正版游戏。"

点评:过去,部分市民因考虑到价格问题,只用盗版软件,不买正版。近年来,随着知识产权意识增强,越来越多的人宁可多花钱,也要用正版软件,这是一个重大进步。但也有不少人对"正版"还存在曲解,认为只要买了正版软件就可以无限使用,不论安装在多少台电脑上都是一样的。事实上,一张正版软件光盘,一般只被授权许可安装在一台电脑上。软件的安装过程实际上也是一个复制的过程,因此将所购软件重复安装在多台电脑上使用,也就是对软件进行了未经授权的复制,并对复制品进行使用,侵害了软件著作权人的著作权,这种行为就属于侵权行为。

破解他人软件是严重侵权行为

事件:7月初,一名自称是某高校计算机专业大学生的网民,通过QQ给某报社记者发来信息称,可免费提供各种杀毒、看图和视频软件破解服务,使记者无须付费就可以使用这些软件。

记者觉得奇怪,问他为何要从事这种"义工"?该网民说:"我一直认为网络资源应该是共享和免费的,特别是杀毒软件,有的病毒可能就是某些杀毒软件公司自己制作的,然后放出来四处传播,除了自己的杀毒软件外,其他杀毒软件还杀不了,你说这付费公平吗?所以我经常在网上搜集一些软件的序列号及破解文件,只要有朋友需要,马上就传给他们。有些简单的软件,我自己都能破解。"

点评:破解他人的软件是严重的侵权行为。根据《信息网络传播权保护条例》第4条的规定,为了保护信息网络传播权,权利人可以采取技术措施。任何组织或者个人不得故意避开或者破坏技术措施,不得故意制造、进口或者向公众提供主要用于避开或者破坏技术措施的装置或者部件,不得故意为他人避开或者破坏技术措施提供技术服务。但是,法律、行政法规规定可以避开的除外。这里的技术措施,就是指用于防止、限制未经权利人许可浏览、欣赏作品、表演、录音录像制品的或者通过信息网络向公众提供作品、表演、录音录像制品的有效技术、装置或者部件。如我们平时安装使用软件时需注册就是这一情况。如果未按软件所有人要求对软件进行注册就破解使用,这种行为就构成了侵犯知识产权。

网上下载电影音乐刻录成 DVD,法不责众不代表免责

事件:市民韦先生是位大片爱好者,不过,他很少到电影院观看,多数是自己从网上下载;谈起迅雷、BT、电驴等下载软件,他是如数家珍。近年来,电影院里所放过的大片,只要在网络上找得到的,他都下载到电脑上观看。

有些他认为比较好看的影片,还专门刻录成 DVD,除了给家人欣赏

外,还借给周围的朋友和同事看。韦先生说:"自从3年前家中装上了宽带以后,我就再也没有进过电影院,甚至连盗版碟都没买过,因为网上什么电影都能找到,何必浪费钱去电影院看。这两年甚至连几块钱的盗版DVD都懒得买了,从网上下载自己刻碟,不给盗版商赚钱的机会。"

市民卢小姐平时爱听音乐,几乎每天都会上网搜索音乐;几年下来,她的电脑硬盘中已有四五千首歌。自从她的男朋友买了汽车后,卢小姐还买了许多DVD刻录碟,自己刻录了音乐在车上播放。有时,朋友们觉得好听,卢小姐还会随手将DVD送给朋友,并说:"你拿去听,我自己再刻。"时间长了,卢小姐送出去的刻录DVD已有几十张。

点评:从网上下载电影和音乐并自行刻录DVD的,也属于侵权行为。根据《著作权法》第10条规定,著作权包括信息网络传播权,即以有线或者无线方式向公众提供作品,使公众可以在其个人选定的时间和地点获得作品的权利。因此,任何未经著作权人许可使用作品的方式,都是侵权行为,包括音乐和影视作品。而根据《信息网络传播权保护条例》,除法律、行政法规另有规定之外,任何组织或个人将他人的作品、表演、录音录像制品,通过信息网络向公众提供,都应当取得权利人许可,并支付报酬。个人下载者在未得到著作权人许可的情况下进行下载,应该属于侵权行为;当然,如果个人在家里的电脑上下载影视、音乐、文字、图片等作品,看完后删除,可不视为侵权;但如果刻录成DVD在公众地方播放或送给别人使用,这样的行为就可能导致侵权,因为这种行为已构成了传播。

在网络游戏中使用"外挂"也是侵权

事件:15岁的小志(化名)初中刚毕业,利用放假时间天天在玩腾讯公司出品的网络游戏《地下城与勇士》,由于该游戏难度较大,升级较为困难,并且有游戏时间的限制,为了能在游戏中尽快地提高级别,小志在网上分别下了好几个"外挂",升级速度确实比其他网友快得多。

小志不无得意地说,自从使用了"外挂"以后,别人在游戏中三天升一级,自己一天升两级,速度快,而且在与人PK时,胜率几乎达到了

100%，为此还经常在网上获得周围网友的称赞。

像小志这样在网络上使用"外挂"的人数量非常多，很多人甚至以使用"外挂"为荣。

点评：很多人都知道制作"外挂"是侵权行为，但并不知道使用"外挂"其实也侵犯了著作权人的知识产权。我国《著作权法》第 10 条规定，著作权人享有保护作品完整权，即保护作品不受歪曲、篡改的权利。根据新闻出版总署、信息产业部等部门出台的《关于开展对"私服"、"外挂"专项治理的通知》中对"私服"、"外挂"的定义是指未经许可或授权，破坏合法出版、他人享有著作权的互联网游戏作品的技术保护措施、修改作品数据、私自架设服务器、制作游戏充值卡（点卡），运营或挂接运营合法出版、他人享有著作权的互联网游戏作品，从而谋取利益、侵害他人利益；"私服"、"外挂"违法行为属于非法互联网出版活动，应依法予以严厉打击。"外挂"实际上是使用某些特殊程序，修改网络公司的数据，以使玩家在游戏中获利为目的，从这个意义上说，使用"外挂"，既破坏了游戏的完整性，也是侵犯知识产权的行为。

青少年是网络公民的主体，负有维护网络安全的神圣职责。因此，一定要按下列要求严格约束自己：

第一，不非法截获、篡改和删除他人的电子邮件；

第二，不制作、不传播淫秽、色情的信息；

第三，不制作、不传播暴力、恐怖的信息；

第四，不宣传关于邪教、愚昧迷信的信息；

第五，不欺骗、不欺诈他人；

第六，不谩骂、不侮辱他人；

第七，不当黑客袭击他人网站，制作病毒破坏或者修改网站信息；

第八，不侵害他人的知识产权。

青少年网民，上述要求你能做到吗？为了维护社会稳定和他人利益，为了保护网络的文明空间，你应该而且必须做到。

第十节　虚拟世界诽谤他人也违法

誹谤罪,人们并不陌生,网络誹谤罪成为热词,却是一个尚未尘埃落定的争议热点。

从山东"曹县帖案"到河南灵宝"王帅帖案",从内蒙古鄂尔多斯市"网络发帖诽谤案"到之前审理的陕西省首例"网络诽谤案",近年来,网络诽谤案在全国各地一再发生。

27岁的男青年俞某是E龙"西祠胡同"网的名人,曾以"大跃进"的网名,在"西祠社区"中发表过许多文章。22岁的张小姐网名"红颜静",是"西祠社区"中一个文学版块的"版主",知名度也很高。两个人在网友聚会上互通网名、姓名,逐渐熟悉起来。

就在第三次网友聚会结束后的当天夜间,张小姐登录网络后发现"大跃进"在网上一公开版块发表帖子,对"红颜静"进行侮辱。"红颜静"当即回帖要求对方停止侮辱。

可是,"大跃进"不仅没有改正,反而变本加厉地将先前的帖子复制多份,放到多个公开版块上。在此后的几个月间,"大跃进"以更加恶劣的侮辱性语言在网上发帖侮辱"红颜静",他还以另一网名"华容道"的名义,发帖对"红颜静"进行更为不堪的侮辱和攻击,并同时假冒"红颜静"的名义,在网上捏造了认可这些侮辱的多条留言,对"红颜静"的人格和名誉大肆诽谤。

一些心态不正的网迷对上述侮辱性的帖子大量跟帖附和,一时真假难辨,造成极其恶劣的影响。张小姐不仅在熟识的网友面前很难做人,而且与她相处很好的男友也因此离她而去。张小姐忍无可忍,愤怒之余将俞某告上法庭。

"红颜静"案件,轰动一时。这是一起直接关系网民在网上言论发布自由度的案件。当地法院对此案高度重视,迅速指派审判人员组成合议庭进行审理。

网络世界虽然是一个虚拟空间,但是侮辱他人也是要承担法律责任的。在这个案件中,张小姐、俞某虽然各自以虚拟的网名登录网站,但现实生活中已经相互认识了解对方的网名,且原告张小姐的网名也为其他一些网友所知悉。在这一情况下,双方的网上交流已变为"知道对方真实身份网友间的交流",因而不再局限于虚拟的网络空间,而具有了一定的现实性。俞某主观上具有对张小姐名誉进行故意的毁损,客观上不可避免地影响了他人对张小姐的公正评价,其行为构成了对张小姐名誉权的侵犯,因而应依法承担相应的法律责任。

经过调查取证,法院合议庭根据全国人大常委会《关于维护互联网安全的决定》,认定在"虚拟空间"用网名肆意侮辱网友的俞某侵权行为成立,并做出责令其在网上公开赔礼道歉,并赔款 1000 元的判决。

从这个案件的审理中,我们不难发现,在网络上发表言论也是要负责任的。网络是一个虚拟的空间,在虚拟的社会中,网民都是以一个虚拟的网名存在的。不过,即使是在虚拟的社会中,遵守在现实社会中人与人之间需要遵守的基本行为准则也还是十分必要的。即使你是以一个虚拟的网络身份来发表言论,那个虚拟的网名所代表的就是你,你对自己所说的言论还是要负责任的。

链接:

山东曹县青年发帖举报镇书记被起诉诽谤

山东曹县青年段磊因在网上发帖,举报该县庄寨镇党委书记郭峰,县检察院称段磊此举造成了极坏的社会影响,以涉嫌诽谤罪提起公诉。曹县法院以"涉及隐私"为由,不公开审理此案。

网上发 6 帖举报镇书记

曹县检察院指控,2009 年 2 月 2 日到 2 月 8 日,段磊分别在天涯社区、新浪博客、百度帖吧上发表了《写给省委书记的一封信》等 6 个帖子。帖子内容举报曹县庄寨镇党委书记郭峰"长期包养情妇"、"其子经营KTV并卖毒吸毒"等。

据从曹县县委宣传部获知,看到帖子后,曹县县委曾组织人员对郭峰进行了调查,但发现郭峰并无上述问题。

此后,郭峰对被举报的部分内容进行了解释,其中一个内容是举报其超标配备两辆汽车,他说实际只有一辆,是前任书记留下的已跑了 10 年的别克,他自己有时会借企业的车外出,给人造成错觉。

郭峰说,他在 2009 年 2 月看到帖子后,第一件事就是去法院起诉,但他不知道发帖人,没有起诉主体,于是就报了案。

据悉,曹县公安局网监大队承办此案,2月25日段磊被拘留,4月3日被逮捕。

三帖浏览量总计不过百

检察院认为,段磊故意捏造事实,在互联网上对他人进行诽谤,损害了他人的人格、名誉,严重危害了社会秩序,应以诽谤罪追究刑事责任。

段磊的辩护律师浦志强称庭审时才发现,检察院提交到他手中的证据只是一部分,开庭时才出示了所有证据。

另据曹县网监大队2月10日做了一份《网上诽谤案远程勘验笔录》:经在百度、谷歌两个网站,先后分6次以"曹县、郭峰、博客"等关键词进行搜索,其中3个帖子未标注浏览量,另3个加起来的浏览次数为79次。

浦志强说:"这根本不能说明帖子形成了广泛的影响。"

河南灵宝"王帅帖案"续

新华网郑州4月28日电(记者 李丽静) 记者4月28日晚间从河南省三门峡市政府获悉,当天下午,三门峡市委、市政府召开专题会议,严肃处理因"王帅帖案"被揭开的灵宝市违规占地一事。灵宝市委常委、常务副市长高永瑞被行政警告处分,灵宝市大王镇党委书记黄松涛、灵宝市土地管理局副局长李建强被免职,灵宝市土地管理局阳店土地管理中心所所长翟海江被行政记过。

2009年2月12日,在上海打工的灵宝市大王镇南阳村青年王帅以《河南灵宝老农的抗旱绝招》为题在网上发帖,披露当地政府违规征地的事情。该帖被网站和新闻媒体大量转载和跟进,王帅以"诽谤罪"被灵宝警方送进看守所关押8天,成为闻名一时的"王帅帖案"。4月15日,当地警方以罪名不成立将王帅释放,并给王帅国家赔偿783.93元。

此事经媒体曝光后,三门峡市委、市政府高度重视,调查发现,2007年以来,灵宝市共向有批准权的人民政府申报建设用地三个批次,共计1025亩,其中经批准的327亩。但该市有关部门在实际操作中,清理土地780亩,其中453亩土地属未批先占。并在补偿款未发放到位的情况下先行清理地面附着物,存在未批先占、补偿不到位的问题。

　　记者4月23日、24日到现场采访,大王镇南阳村三组村民席绍兴告诉记者,灵宝市五帝工业区的公告去年夏天就贴出来了,涉及十几个村,但公告贴出后,村里并没有召开群众大会通知村民。今年春节后,村民小组长突然通知大家,让大家尽快挖树,清理地上附着物,并规定:十几天内全部完成,提前清理的,奖励3%;延后清理的,由乡村强制清理。

　　席绍兴家3口人,有4亩多地共计种121棵苹果树。他说,大王镇这次补偿是按近年来国家重点工程占用耕地的标准给的,标准低。因为灵宝苹果全国闻名,大家栽种的优良品种成本高,附加值也高。他家1亩果园一年收入近万元,现在仅拿到3400多元的补偿费,其他的占地款还未拿到。

　　王帅的父亲王社平说,去年自家果园足足赚了4万元,现在征地后1年收入不到5000元,家里每人每天只有3元钱过日子了。

　　4月28日,三门峡市委、市政府在查清违规事实之后,召开专题会议进行认真研究,对有关责任人进行了严肃处理:责成灵宝市委、市政府向三门峡市委、市政府作出深刻检查;责成灵宝市委书记吕均平、市长乔长青向三门峡市委、市政府作出深刻检查;对灵宝市委常委、常务副市长高永瑞给予行政警告处分,免去灵宝市大王镇党委书记黄松涛职务;责成三门峡市国土资源局依照干部管理权限对灵宝市土地管理局副局长李建强予以免职,给予灵宝市土地管理局阳店土地管理中心所所长翟海江行政记过处分。

第十一节　网络道德

道德属于上层建筑的范畴,是一种特殊的社会意识形态。他通过社会舆论,传统习俗和人们内心信念来维系,是对人们的行为进行善恶评价的心理意识、原则规范和行为活动的总和。了解道德的起源、本质、功能、作用及历史发展,有助于大学生加强道德修养,锻炼道德品质。

网络道德是适应调节当今网络社会里作为"网民"的人类个体的人际关系,规范其网上行为,以维持网络社会的有序运行的客观需要而产生的,是维持网络秩序、保障网络社会有序运行的必要文化条件和行为规范。网络的迅速发展,一方面改变着社会、人类生活的方方面面,为人类道德进步提供历史的机遇,同时也给人们带来许多道德伦理问题,对中学生道德观念和行为也带来一定的消极影响。研究探讨网络社会发展所带来的中学生网络伦理道德失范问题及其对策,有利于规范中学生网络道德伦理观念及行为。

一、中学生网络道德行为失范表现

1.沉迷网络,不能自拔

广阔无垠的开放性是网络的最大特点之一。这种诱惑力往往会使年轻的学生们忘记了上网是以增长知识、培养兴趣为宗旨,而不是一味地追求新鲜、寻找刺激。每到周末,各个学校周围的网吧里座无虚席。学生在网吧的主要活动就是聊天、游戏、听音乐、看电影,有部分学生甚至通宵不休息。部分学生逐渐地放松对自己的要求,在网络世界中出口成"脏",遇到一点儿不满意的事情就破口大骂。还有一些学生沉迷网络,不能自拔,甚至占用了学习和休息的时间来上网玩游戏,致使精神萎靡不振,与别人交流产生障碍,学习成绩下降。

2.放纵自己,不顾后果

一些道德意识比较薄弱的年轻学生,就会利用匿名放纵自己,在网络中寻求满足。在聊天室里肆意漫骂;玩暴力和血腥的游戏;浏览黄色网站,下载黄色图片和电影;传播腐朽、堕落的思想观念和封建迷信;有的甚至拍摄一些不健康的东西上传到网上。

3.不负责任,中伤他人

一些学生缺乏网上发布信息的道德法律意识,经常随意在网上发布一些小道消息或有害信息。在网上玷污他人名誉,开展人身攻击,暴露别人的隐私和造谣伤害他人,对他人造成隐私权、肖像权、名誉权的侵害。偷看他人隐私,没有经过别人同意私自使用他人账号登录收费网站,使用别人的电子邮箱、聊天工具或网名做出有损对方声誉的事情。这种行为给别人带来伤害的同时也严重地违反了网络道德。

4.触犯法律,后果严重

近几年大学生网络犯罪的现象越来越多。大概有以下几种情况:制造、传播计算机病毒或实施黑客行为,危害计算机信息网络安全;利用网络窃取网上银行的账号、信用卡资料等,侵害公私财产;利用网络实施诈骗、敲诈勒索等犯罪活动(如发布虚假广告、开设网上商店、建立拍卖网站等);利用计算机网络制作、复制、传播、贩卖色情淫秽物品,破坏市场经济秩序,妨碍社会管理秩序。

二、中学生网络道德教育的主要内容

1.树立网络道德意识

首先,我们要以思想政治理论课为主渠道,树立网络意识。其次,要处理好目的与手段的关系。在网络社会中,目的和手段应当都是正当的。道德行为和不道德行为之间,总是有本质区别和原则界限的,绝不能混淆。第三,要处理好大节与小节的关系。网络社会中的"小节无关紧要"论是不对的、有害的。中学生应记住一句古训:"勿以恶小而为之,勿以善小而不为。"

2.中学生应讲究网络礼仪

网络礼仪是网民行为文明程度的标志和尺度。一个中学生如果连这些起码的网德要求都做不到或不会做,很难相信他能遵循更严格、更高的网络道德标准。从人的直接交往,到电话交往,再到网络交往,是人类交往方式的进步和变化,与此相适应也要求中学生采用新的交往礼仪。

3.遵守网络道德规范

虚拟的网上活动与现实社会的活动在本质上是一致的。网络人的自由在本质上是理性的,网络人必须具有道德意识,不能认为匿名、数字化式的交往就可以随意制造信息垃圾,进行信息欺诈。面对着形形色色的网络问题,热衷于在网上冲浪的中学生必须遵守网络道德规范,按照网络道德规范的普遍要求来约束自己的网络行为。

三、中学生网络道德行为失范的对策

1.提高中学生道德选择能力

网络社会是一个无中心的资源共享、多元价值共存的社会,各种道德的、非道德的、不道德的信息充斥网络空间,建立在现实社会基础上的传统的道德规范由于不适应网络运行的新环境而受到严峻的挑战和巨大的冲击,使其约束力明显下降而形同虚设。人的道德的发展有一个从无律到他律最后发展到自律的过程。在网络中他律因素已经不存在或很少存在,主体必须具有自律精神才能做出道德行为。对于学校德育而言,网络社会的影响是一个现实的客观存在。学校德育只能对多元信息的选择和接受环节进行调控,以形成学校德育对象本身的鉴赏、批判能力,培养中学生自律精神,提高网络道德素质,加强网络道德自律,自觉趋利避害。

2.培养中学生信息素养

学习者应具备的信息素养包括信息意识、信息道德、信息知识和信息能力,学生应该具有迅速有效地发现并把握对自己学习有价值的信息的意识,并把这些信息整合到自己的知识结构中来的意识。提高青年学生对网络文化信息的判断力,是减少校园网络文化消极影响的根本措施。学校应重视网络知识培训,提高学生使用网络的水平,提高他们利用有效信息的能力和抵御信息污染的能力,使其在有限的时间内接收到

更多、更新、更有用的信息,达到学习知识、陶冶情操、培养美德的目的。

3.形成健全的网络人格

心理学家认为,中学生之所以上网成瘾,是由于中学生自我发育不成熟,人格不健全。教师和社会心理工作者必须转变传统的心理教育观念和模式,应当给学生"网民"提供"影响"、"选择"、"服务"和"引导",而不是提供"说服"、"说教"或"灌输",要以学生发展为本,以心理生活为中心,促进"网络人"的人格现代化。

4.营造环境

营造中学生绿色网络学习生活环境,要采取积极的引导对策,从思想上给予正确的教育引导,提高学生自身的免疫力,帮助他们自觉抵御不良的信息侵袭。可以精心设计网上活动,为学生提供发挥潜能、开展创造性学习的舞台;可以用科学、健康、积极向上的信息感染学生,提倡读书、上网相结合的正确学习方式,使网上学习成为读书学习的延伸和升华;也可以及时组织对当前社会热点问题的网上讨论,积极引导学生过健康有益的网上生活。

第十二节 学习网络文明公约,做文明网络人

随着互联网事业的飞速发展,精彩的网络世界不可阻挡地走进了我们的生活。计算机互联网作为开放式信息传播和交流的工具,已经走进了我们的生活。互联网的发展一方面为我们的学习、交流以及娱乐提供

了更为宽广的天地,但是另一方面,由于互联网资源鱼龙混杂、良莠不齐,致使缺乏自律能力的同学通宵达旦沉湎其中,对学业、健康和思想都造成了巨大的危害。所以,对于未成年人来说,互联网是一把锋利的"双刃剑"。由共青团中央、教育部、文化部、国务院新闻办、全国青联、全国学联、全国少工委、中国青少年网络协会等单位共同发布的《全国青少年网络文明公约》表达了我们的心声。在此,我们对广大中学生朋友提出如下倡议:

遵守公约,争做网络道德的模范。我们要学习网络道德规范,懂得基本的对与错、是与非,增强网络文明意识,使用网络文明的语言,在无限宽广的网络天地里倡导文明新风,营造健康的网络道德环境。

遵守公约,争做网络文明的卫士。我们要了解网络安全的重要性,合法、合理地使用网络的资源,增强网络安全意识,监督和防范不安全的隐患,维护正常的网络运行秩序,促进网络的健康发展。

网络在我们面前展示了一幅全新的生活画面,同时,美好的网络生活也需要我们用自己的美德和文明共同维护。让我们认真贯彻《公民道德建设实施纲要》的要求,响应《全国青少年网络文明公约》的号召,从我做起,从现在做起,自尊、自律,上文明网,文明上网,做一个"文明的网络人"。

开展网络公约主题活动,加强网络道德教育

据悉,团中央等部门发布《全国青少年网络文明公约》后,在全社会尤其是青少年中引起强烈反响。全国100多所大学,2000多所中小学以"遵守网络文明公约,争做网络文明先锋"为主题,开展了形式多样的团队日活动。《全国青少年网络文明公约》被粘贴到所有校园网站的主页上。全国各地300多万名青少年学生通过网上讨论、发放宣传资料、制作个人主页、开展座谈会、张贴宣传画等形式,积极地参加到青少年文明公约的宣传活动之中。

"要善于网上学习,不浏览不良信息……"在北京大学附属小学,近百名少先队员代表、家长代表、教师代表聚集在电脑教室,举行网上主题

队会。作为《全国青少年网络文明公约》宣传大使，中央电视台的著名青少年节目主持人董浩也出席了队会。"小网友"贺虎向大家展示了自己制作的网页，介绍了自己和同学们利用网络学习以及后来因迷恋网络影响学习的经历和体会，表示要按照《青少年网络文明公约》的要求去做，自觉地养成文明上网的良好行为习惯。学生家长、教师也都相继做了发言。网络主题队会结束后，与会人员包括青少年教育专家还与全国各地的少先队员就宣传贯彻《全国青少年网络文明公约》进行了网上交流。

上海高校利用校园网的优势，在网上开展以"建设网络文明，开拓都市新风"为主题的讨论，300 多名大学生志愿者走进社区，发放 10 万多份宣传材料。3 万多名中学生浏览了中青网《公约》宣传活动的有关内容。近百个中学生计算机社团在"上海共青网"上举行"中学生如何才能文明上网"现场讨论。市红领巾理事会还向全市少先队员推荐了图书——《网络我能行》。建平中学在网上发出帖子，号召全国中学生"遵守网络文明公约，争做网络文明先锋"。

武汉大学、华中师范大学等高校团委、学生会联合在"武汉热线"上向全体大学生发出倡议书，武汉理工大学学生会也开展了以《全国青少年网络文明公约》为主要内容的征文比赛和"FLASH"动画设计大赛。

重庆市 6000 余名师生参加了主题团日活动。同学们利用宣传栏、黑板报、橱窗、广播台、网吧，对公约进行了广泛宣传。同学们还纷纷在网上签名留言，对不文明网络行为进行了抨击，表示要遵守网络文明公约。团市委、市学联向全市青少年发出了"用红岩精神构筑文明网络，争做新世纪网络文明先锋"的倡议书。

天津市许多中学教师认为，《公约》的颁布非常及时，表示将在思想品德和法制教育等课程中加入公约内容，加强对学生网络道德教育，以确保网络文明教育活动的持续开展。中学生通过班级团支部、社团团支部、学生公寓团支部等多种形式开展了主题团日活动，帮助大家了解网络文明公约，承诺信守公约，抵制不文明的上网行为。据不完全统计，从《全国青少年网络文明公约》宣传活动启动日起，天津市已有 100 多所大中专院校开展了宣传活动,共组织网络文明义务宣传队 80 多支,开展主题团日活动 500 余次,直接参加活动学生达 4 万余人。

杭州、绍兴、舟山等地区的小学生在互联网上开展了"争做网络文明小使者"主题队会。一些学校在"雏鹰争章"活动中增加了"电脑章",鼓励引导同学们制作个人网页、上网学习。

此外,北京、河北、吉林、山东、湖南、河南、广东、福建、内蒙古等地的学校也开展了"争做网络文明先锋"、"与不文明上网行为决裂"、"绿色草原、绿色网络"的签名、座谈等主题团队日活动,号召同学们学习、遵守《全国青少年网络文明公约》。

原团中央书记处书记黄丹华参加了河北省石家庄市第二中学的团日活动。黄丹华同志指出,青少年是互联网的最大的服务群体,是推动网络发展的重要力量,但也是最易受网络负面影响的群体。同学们由于在年龄、学习和社会经验等方面的特点,更要增强自我约束和自我保护能力。要认真学习《公约》,培养网络道德观念;要自觉遵守《公约》,树立文明上网意识;要积极宣传《公约》,营造网络文明环境,争做传播网络文明的使者。

团中央书记处书记赵勇参加了清华大学主题团日和北京大学附属小学主题队日活动。赵勇同志指出,青少年是网民的主体。加强网络文明建设,是服务青少年健康成长、维护青少年合法权益的重要举措。青少年是网络文明的受益者,更应该成为网络文明的建设者。自觉实践青少年网络文明公约,要从我做起,从身边做起,自觉成为文明的网民;要互相监督,互相帮助,共同倡导和建设网络文明新风;要开展网上的学习和创新,更要注重网下的学习和实践。

链接:

践行《全国青少年网络文明公约》倡议书

青少年朋友们:

你们好!

随着计算机互联网的迅猛发展,网络已成为我们学习和生活的重要空间。它既使我们的生活日益丰富,也使我们的学习便捷迅速,使我们的视野更加开阔,成为我们学习知识、交流思想、休闲娱乐的重要平台。但网络上一些有害的信息,也给我们的身心成长带来了巨大的危害。为增强青少年自觉抵御网上不良信息的意识和能力,养成健康、科学、文明的网络生活方式,由共青团中央、教育部、文化部、国务院新闻办、全国青联、全国学联、全国少工委、中国青少年网络协会等单位共同发布了《全国青少年网络文明公约》。在此,我们向青少年朋友发出如下倡议:

一、遵守《青少年网络文明公约》。从现在做起,学习网络道德规范,增强网络道德意识,懂得崇尚科学、追求真知的道理;正确认识网络文明的内涵,增强网络文明意识,使用文明的网络语言,在无限宽广的网络天地里倡导文明新风,营造健康的网络文明环境。

二、拒绝不良诱惑。要懂得基本的对与错、是与非,分清网上善、美和恶、丑的界限,不进入青少年不该进入的网站;不浏览与我们身心特点不相符的内容;不轻易约见网友,即使约见也要向家长、老师报告;不向网上传递自己和同学的照片;不沉溺虚拟空间,上网游戏时间要节制,不进行赌博游戏。

三、安全健康上网。从现在做起,争做网络安全的小卫士。我们要认识到网络安全的重要性,合法、合理地使用网络资源,善于运用网络资源学习各种有用信息,增强网络安全意识,不使用"黑客"软件,监督和防范不安全的隐患,维护正常的网络运行秩序,促进网络的健康发展。

四、未成年人自觉远离网吧。作为未成年人,更应该遵守法律法规和《全国青少年网络文明公约》,增强自护意识,不进入网吧,劝阻同龄人远离网吧。

亲爱的青少年朋友们,网络在我们面前展现了一幅崭新的生活画面,美好的网络生活需要我们用自己的美德和文明共同创造。让我们树立起正确使用网络、遵守法律、法规的意识,从我做起,从现在做起,养成科学、健康、文明的网络生活方式。

附:为落实《公民道德建设实施纲要》中关于"要引导网络机构和广

大网民增强网络道德意识,共同建设网络文明"的精神,增强青少年自觉抵御网上不良信息的意识,团中央、教育部、文化部、国务院新闻办、全国青联、全国学联、全国少工委、中国青少年网络协会向社会发布《全国青少年网络文明公约》。

全国青少年网络文明公约

要善于网上学习　不浏览不良信息

要诚实友好交流　不侮辱欺诈他人

要增强自护意识　不随意约会网友

要维护网络安全　不破坏网络秩序

要有益身心健康　不沉溺虚拟时空

 至理箴言

科学是一种强有力的工具。怎样用它,究竟是给人带来幸福还是灾难,全取决于人自己,而不取决于工具。刀子在人类生活上是有用的,但它也能用来杀人。

——[美]爱因斯坦

聪明的人只要能掌握自己,便什么也不会失去。

——[德]尼采

第三部分　网络世界真精彩

第一节　网上购物

　　人们要学习、生活,就必须购书、购物。随着网络的发展,网上书城和网上超市已初具规模。它们 24 小时的服务,为人们提供了大量的商品信息和丰富新颖的商品。作为网络时代的青少年,应该了解和学会网上购物,当需要购买书籍和生活用品时,可以采用这种方便、快捷的购物方式,满足自己的需求。

　　简单来说,网上购物就是把传统的商店直接"搬"回家,利用 Internet 直接购买自己需要的商品或者享受自己需要的服务。专业地讲,它是交易双方从洽谈、签约以及货款的支付、交货通知等整个交易过程通过网络完成。

　　网上购物最大的好处还在于,可以全面了解商品的情况,如产品的知名度、生产厂家的规模、产品销售的情况、购买者对产品的认知程度、同类商品的价格比等等。有些网络甚至把相关商品的知识也登在网上,便于了解。

　　情景一:

　　享有"地球上最大书店"美誉的亚马逊网络书店,经营的图书品种有 250 万种之多。而以传统方式经营的美国最大的书店,充其量也只能经营 17 万种书籍。该网络书店的网页设计漂亮,操作简便。由于不存在书籍的丢失、磨损问题,其价格也比较低廉。

　　读者购书时,先检索书目关键词(包括作者姓名、书名、主题以及价格),选中图书后,就可以操作鼠标将该书(以及购买的册数)放入"购物篮"中。如果还想选购其他书籍,只要再操作一次即可,然后到网页的出纳柜台结账。整个选购过程，与在实际超级市场买东西十分相似。几天后一本本读者喜爱的新书就会摆在读者的案头。我国网络书店的购书程序与亚马逊书店基本相同。

情景二：

王征 18 岁生日快到了，爸爸要送给他一块手表作为生日礼物来庆祝儿子进入成人行列。送什么样的手表呢？爸爸和王征坐在电脑前，进入某购物网站，输入"手表"字样，屏幕显示手表产品栏目。浏览了目录上的各款手表，都没有令爸爸满意的。虽然，定制服务价格高出 10％，爸爸还是决定选择定制服务。在"手表定制"栏目里，爸爸经过选择，相中了这样一块手表：八角形的表盘款式、永不磨损的表面、宝蓝色的表盘底色、双指针、深蓝色真皮表带，并商定在王征生日前将货送到。全家人都为从网上买到了这块称心如意的手表而高兴。

哪些商品适合网上购物

中高档商品一般全国范围都有影响，大都是品牌，商品有一定信誉保证，质量也比较稳定，能够享受到售后服务。

另外，网上购物有较大比例是中层收入以上者，他们的购买力较强，而且消费以中高档次为主。图书、音像、VCD、DVD 光盘、软件、鲜花、礼品等，不用像服装似的需要试穿、不用像电器那样需要维修的商品都非常适合在网上购买。

另外，像手机、相机等更新频繁的数码产品也非常适合在网上购买。

哪些网比较热门

网上购物可供选择的网站有很多，可以不费力地多比较几家的价格。这类网站较好的有 8848、新浪、酷必得、壹号网、网猎、易趣、天极等等,通过搜索引擎可以很容易地查到这些网址。

据了解,这些网站一是开展此类商务的时间较早,信誉度也比较高;二是货物门类比较齐全,商品种类也比较多,购物者可以有较大的选择空间;三是这些网站可以直接从生产厂家进货,不仅产品质量有保障,同时还有价格上的优势。不过,各网站均有自己的特点,消费者可以根据自己的爱好选择购物网。

怎样在网上购物

1. 先注册成为网上会员。

2. 联系卖家,最好打电话。确认卖家信用再买其商品。注册完成后你就可以拍下你要的东西。特别提醒一下注意运费。总费用=价格+运费。有些卖家价格设得很低以吸引顾客,但运费设得很高。

3. 拍下后你要填好你的真实准确的收货地址、姓名、邮编、电话。这些都是给邮局或快递公司看的,所以要真实准确。

4. 然后汇款。如果有开通支付宝的话,可以用支付宝账户付款。如果没开通,可以在交易管理里面,点付款项,通过网上银行汇款。这里网上银行汇款是汇给卖家网络的。只有在你确认收到货或超过规定期限后,银行才会将钱打给网络卖家。特别提醒:不要直接汇款给卖家。

5. 确认收货。这时要注意的是最好在收货时当面拆开,确认没有损坏。如有损坏或货物不符要求,要拒绝签收。

6. 最后如实给予评价。这也是以后其他买家的参考。

购物有哪些方式

第一种方式:直接找商品信息

网络商城的页面都具有一定特点,除了商品名称会被列举出来,页面上通常会有一些特征词,如"价格"、"购物车"等。用商品名称,加上这些特征词,就能迅速地找到相关的网页了。

第二种方式:找购物网站

除了直接搜商品信息,我们也可以先找一些有名的购物网站,然后在站内进行搜索。找这类购物网站较简单,即用类似"购物"这样的查询词进行搜索。

网购"三防术"：看账户、查注册、快报案

1. 看账户。查询银行账户或信用卡是在哪个城市开户的,若与公司地址不一致,就应提高警惕。对以公司名义从事交易活动,却要求消费者将钱款打入个人账户的尤其应当谨慎对待。最好选择货到付款的方式,这样可以避免不必要的损失。

2. 查注册。有意进行网上购物的消费者,在汇款之前最好直接把电话打到当地工商部门,询问该电子商务公司是否经过正规的注册,如果该公司没有经正规注册,汇款时就需谨慎了。

3. 快报案。网上交易中诈骗行为的一大特点是,不法分子往往采取步步为营的方式,先以较小的诱饵引导消费者走进圈套,然后以各种名义不断让消费者汇款。而消费者因已有投入,只能被其牵着鼻子走,最后货款两空。如遇此类情况,消费者应提高警觉,赶快向公安机关报案,寻求法律保护。

第二节　网上就医要科学

网上求医方便又快捷

随着互联网技术的日益普及,越来越多的电脑族开始依赖网络生活,买车购房,交友征婚,就连看病,网络也能代劳。

小金的父亲在一家国有企业当了几十年的会计,最近经常抱怨脖子不舒服,小金便请假陪他到省城一家医院看病,下午3点钟到医院匆匆挂了号,等了一个多小时,终于轮到父亲看病了,大夫问了几句,说做个核磁共振吧。小金和父亲拿着检查单在医院里绕了半天也没找到做核磁共振的地方,最后听说得花好几百元,父亲死活不肯做这项检查,嚷嚷着要回家。后来小金在网上查到长期伏案工作者的颈椎曲度易消失,颈椎压迫血管,人就会出现脖子疼、手麻等症状。他觉得这与父亲的表现很相像,就把颈椎病患者的应对措施逐条抄下来,拿给父亲。听说是不费事从网上查到的"方子",还不花钱,父亲直说好。从此,家人有个头疼脑热的,包括爱犬生了病,小金就上医疗网站寻找答案,找不到满意的答案再到医院找大夫。

网上看病需谨慎

太原市民小刘日前参加了大学同学聚会,一说起各自的健康,14个同学有9个人脱口而出:"我上网查了,我的身体情况……"大家分布在不同行业,但有一个共同点就是工作和生活中都离不开电脑。

小刘在网上看病有两条准则,一是不买网上销售的药品,二是不依赖一家网站。在这家网上医院大夫说你是肝脏有问题,到另一家网上医院大夫就可能说你是胃有问题。咨询一个问题得多查找几家网站,答案类似的话可信度就高,如果答案相差太远的话,最好还是到医院来看病比较保险。

除患者自己上网求医外,医院和医院之间也通过网络为病人提供诊疗。如今许多医院都建立了远程诊断中心,以山西中医学院第二医院为例,遇到疑难病例,院方就可通过网络与北京301医院、北京天坛医院、北京协和医院、中国中医药研究院的专家进行会诊。会诊内容分两种,一种是影像资料会诊,将患者的影像(CT片等)数据传递到北京,北京的大夫再将诊断意见反馈回来。还有就是临床会诊,患者、主治大夫可以通过摄像头与北京的大夫直接交流。林师傅今年六月份因为咳血住院,省城几家医院都诊断其为肺癌,病情一再反复。后来通过远程会诊诊断为肺部囊肿,对症施治后,病情很快好转出院。远程诊断中心武主任介绍,如果自己上网求医,网上大夫究竟有无资质,出了医疗事故他是否负有责任,这都无从得知,最好还是在医生的指导下,通过网络找"真正的大夫"问诊。

上网看病有利有弊

网络虽然快捷、方便,但也很虚幻。一直以来,网络就有"虚拟世界"之称,也就是说网络上的事情,真真假假,不可不信,但绝不能全信。在老百姓认为看病难的今天,卫生行政部门也利用起网络这个优势,想了不少办法。比如开通了网上挂号,网上看病等内容。挂号还好说,要看病,医生就得了解患者的详细情况,因此,山西医科大学第二医院门诊的张大夫认为:网上看病,虽然少了平时排队、等候的环节,但网上的交流太片面,效果远远比不上和大夫面对面的接触。

目前,网上看病分两种类型,一种是患者先在网上选择看病的医生,之后把详细的病历资料发送到选择大夫的邮箱内。大夫看过之后再以邮件或者电话方式给患者回复;另一种是医生在线,可以通过聊天的形式和患者直接交流。有的大夫认为不论哪种方式,医生都只能给患者看个表面而已。因为人的身体、生理和病情都在不断地变化,患者从得病治疗开始,过一个周期和疗程,就得重新做检查。然后再根据检查结果,调整用药和治疗方案。所以说，光凭网上的病例资料，医生是无法了解到患者最新病情的，也不可能给予最佳治疗方案。

另外，"网络大夫"的真实性和技术性也是患者需要慎重考虑的。我们不是说要一竿子把"网络大夫"全部打翻，毕竟没有亲眼见到大夫的资质和技术究竟如何。关系到身体健康的问题，患者还是要多考虑些好。

网上看病有它的好处，你可以足不出户，不用花钱或者花很少的钱，快捷而方便，但上述的几个问题还是要给患者敲个警钟。另外，网上可以咨询，但不可以用仪器做相关的检查，所以，患者不可把疾病的治疗全部寄托在网上，该去医院还得去。

最后提醒各位网友，网络大夫的诊断只能作为参考，要确诊和治疗疾病，还是需要去医院做实际的检查和治疗。

第三节　网上交友

"海内存知己，天涯若比邻"，这是古人对于纯洁友谊的美好比喻。进入网络时代，这一美好的梦想真的可以成为现实了。我们不必远行千里，就可以在网上找到志同道合的朋友，适时地进行沟通、交流。

情景一：

搜狐网校友录是全国最大的网上校友录之一。全国各地的大学、中学和小学都可以在这里建立一个本校或本班的校友录。你也可以在这里搜索有关本校校友或本班同学的情况。

你可以浏览阅读同学留下的信息，了解他们的情况，也可以往上面贴帖子，发布自己的消息，以便于同同学交流和沟通。无论分居全国各地，通过校友录，你都可以随时随地与同学保持联系，真是应验了那句话：地球越来越小了！

情景二：

几天前，小王第一次登录到班上同学在 chinaren 校友录上开设的同学录。一看，好热闹啊，原来好多同学已经在这欢聚一堂了，大家在留言板上畅所欲言，互相交流彼此的信息。

小王兴致勃勃地浏览着同学们留下来的帖子，看到有精彩的或者自己有不同见解的，也非常认真地

在留言板上留下了自己的意见。忽然，他看到一条给自己的留言，仔细看了一下署名，原来是小学时的同桌小李。

自小李转到外地学校后，两人就失去了联系，没想到他竟在校友录中找到了自己。小王高兴异常，连忙按照小李留下的 E-mail 地址给他发了邮件。遥远的朋友又重新联系上了。

情景三：

小文一直是天文爱好者，满天的星星就是她的梦想。自从她家的电脑上网后，就更加如鱼得水了。她不光在网上找到了一些模拟星空、星座的软件，还加入到了一个天文爱好者俱乐部，与网友们一起交流星空观测的心得和种种精彩的体味。在这里，小文还认识了许多世界各地的

朋友,互相交流、探讨身处世界不同地区观测到的不同天文现象。

小文还向身边的朋友推荐这个天文爱好者俱乐部,因为在这里不光可以和世界各地的天文爱好者们一起交流经验心得,还经常开网上Party,真像一个跨越空间、团结和睦的大家庭!

网上交友虽然能让朋友之间达到天涯若比邻的效果,交友的不良反应也是时刻存在的。比如,伙伴是青少年在社会交往中重要的群体,他们都具有群体观念,认为在群体当中有一种安全感。他们所作所为互相影响,伙伴、同龄人是他们的知己者,有话同他们说,有事同知己者商量。在这样的团体中,若受到好的影响,可成为青少年健康成长的动力。反之受到不良因素的影响,便会走向歧途。对此,青少年在通过网络交友的时候必须慎重。

网上交友的利与弊

情景四:

如今的中国,最流行的网络概念不是BBS,也不是MSN,而是"Blog"(博客)。博客,一种十分简易的傻瓜化个人信息发布方式,它既是网络时代的个人"读者文摘",也是一种特殊的网络个人出版形式,它已成为当代学生的网络新时尚。

博客有个人创作的形式,也有个人认为有趣的、有价值的内容推荐给读者的形式。时下盛行的博客网站内容通常五花八门,从新闻内幕到个人思想、诗歌、散文甚至科幻小说,应有尽有。博客,也是一种特殊的网络个人出版形式。一个Blog就是一个网页,通常由简短、经常更新的帖子构成。这些帖子按照年份和日期倒序排列,但又不完全等同于网络日记的个人性、私密性,而是个人性和公共性的结合体。博客最主要的应用有三方面:一是新的个人人际交流方式;二是以个人为中心的信息过滤和知识管理;三是以个人为中心的传播出版。其中,尤以具有鲜明个人特色的传播出版而引人瞩目。

博客网站实际上就是网民们通过互联网发表各种思想的虚拟场所。其精髓就是以个人的视角,以整个互联网为视野,精选和记录自己在网上看到的精彩内容,为他人提供帮助,使其具有更高的共享价值。

事实上,博客的使用者主要是青少年。据中国互联网络信息中心报道,截至 2007 年 3 月底,中国互联网上网人数达到 1.44 亿户,网民中学生所占比例最多,达到了 33.2％。也就是说,博客对青少年所带来的影响将是巨大的。

博客对青少年产生的积极影响:

作为一种文化形式,博客反映了时尚的时代特征,满足了青少年文化的需要,丰富了青少年的文化生活。博客为青少年一代获取信息开辟了新的空间,提供了新的方法和手段,为全社会沟通与交流创造了良好的环境。在博客世界里,人人都可以隐藏自己的真实身份,这意味着可以通过博客比较准确地把握青少年一代的思想特点和动态,从而有助于提高工作的针对性和实效性。博客更极大地丰富了教育工作手段,使教育更及时、广泛、直接和深入。

从接受新事物和学习的角度讲,博客也有助于提高青少年之间的信息传播效率。与传统的网络传播载体网站、E-mail、QQ、BBS 相比,博客的信息组织更加自由,用户发布自己的日志文章所受到的约束更少。同时由于超链接发布工具及 XML 技术和 RSS 标准的存在,使得网站之间文章引用变得更加自如。

网络交友的好处:

1. 开阔视野,及时了解时事新闻,获取各种最新的知识和信息;

2. 可以毫无顾忌地与网友聊天,倾吐心事,减轻课业负担,缓解压力;

3. 可以在各个 BBS 里张贴自己对各种问题的看法和见解,增强表达能力;

4. 可以提高自己某项业余爱好的水平;

5. 自己动手做主页已成为时尚,把自己喜爱的图片资料传上去,开一个讨论区,发一些帖子,和大家交流,自己做版主的感觉真的很棒;

6. 网络交友可以发泄心中的压抑,可以不看别人的脸色,可以打破自己生活周围的小圈子,可以和网上志同道合的朋友谈天说地,可以把自己置身于一个虚幻的美好的环境中。

网络交友的坏处:

1. 网上骗子多;

2. 网上行骗容易;

3. 网上行骗的人容易逃脱责任;

4. 过分依赖网络交友的人会导致思维方式不正常;

5. 依赖网上交友会导致自身心理问题,要及时看心理医生。

网络和现实是完全不同的两个世界,在现实中不敢说的话,不好意思说的话,在虚幻的网络世界里完全可以畅所欲言。然而网络毕竟是网络,在网上交友、聊天只当作精神的放松与倾诉吧,切不可全信。网络是现代社会不可缺少的一种工具,一种情怀,我们要用,我们更要慎用!

第四节　网上交友需谨慎

有些青少年天真地认为,哪儿有那么多坏人!网上的朋友不见得不可靠,网友见面也没什么,见一面觉得可交就继续交往,不可交就拉倒,这种想法和做法是非常危险的。

网络世界和现实世界是两个不同的空间,现实中都有"知人知面不知心"的说法,更何况在虚无缥缈的网络世界里呢?在网上,很多网民为了吸引对方的注意,得到对方的信任,喜欢自吹自擂,用褒义词把自己的形象修饰得很完美,很让人动心。但是在现实中,他们的形象可能与自己网络上的形象大相径庭,完全是不同的人。

有人总结道:"在网络世界里,男性网民喜欢把自己美化,为的就是欺骗女性网友,好赢得对方的好感;女性网民喜欢把自己的弱点暴露出来,以吸引男性网友的注意和胡思乱想。"比如,一些图谋不轨的男性网友自诩为好人,却是想找机会骗财骗色;一些女性网民在现实中总是以淑女形象出现,感觉很累,于是在网络上便彻底让自己显形,算是一种放松和宣泄吧,于是言语轻浮、作风散漫,像是故意挑逗男性网友一样。

事实上,这种总结是否有道理还需进一步考证,但是它至少说明了一个问题,那就是很多人网上网下非一人。网上是谦谦君子,网下或许是蛮不讲理的小人;网上是野蛮泼辣的形象,网下可能是一个温柔的窈窕淑女;网上是有车有房的富人,网下可能只是一个为一日三餐奔波劳累的"穷人";网上是一个正值青春年华的清纯女子,网下可能是有丈夫、有孩子的妇女。

案例一:

网吧里,一个女孩子正在同时和几个男性网友聊天,只见她忙碌地敲击着键盘,打出一连串暧昧的字句,还不时发一些表达爱意的表情图案,有亲吻的图案、玫瑰花等。这个女孩名叫暖暖,喜欢网上聊天,而且言语颇为放荡,有时候还会把自己的私密照片发给男性网友,用一些带有亲密爱意的辞藻挑逗别人。在家里上网的时候,她喜欢关起门来,和男性网友裸聊,经常叫别人"老公",显得非常轻浮。

但让人想不到的是,在现实生活中,暖暖是一个乖孩子,文明礼貌,尊老爱幼,受到家人和邻居的好评。在学校里,暖暖是一个遵守纪律的孩子,在班里乐于助人,很受同学们的欢迎。不过,暖暖从来不和男同学单独聊天,就连一起走路她也不肯。有时候,借东西给男同学的时候,对方不小心碰了一下她的手,她都会惶恐地把手缩回,好像害怕其他同学看见,说他们男女授受不亲。

案例二:

江苏省某市一初中生经常到网吧上网,在 QQ 上结识了很多网友。其中一个名为"等你的人"自称在外地遭遇不幸,急需要网友的帮助。该学生一时轻信了谎言,瞒着老师、家长前往外地会见网友。

结果一下长途车,就被"等你的人"伙同一群不法分子绑架,然后向他家里勒索巨款。幸而公安部门已经注意到这群利用网络作案的歹徒,及时逮捕了他们,将该学生解救出来。

提醒:青少年见网友应慎之又慎

经专家分析,这些案件呈现以下几个特点:一是多以侵犯财产为目的,侵犯的财产主要以手机和现金为主; 二是呈现有计划、有组织的团伙作案,有人负责在"网吧"选定实施犯罪目标,有人负责在网上与目标人联系,约定见面地点(一般为女性),有人专门负责实施犯罪;三是青少年由于思想单纯,容易轻信他人,成为主要的受害人群。

经办检察官提醒广大青少年,随着上网成为一种时尚,犯罪分子也逐渐把目光转向了互联网,让网络成为他们的犯罪工具。而与传统的犯罪相比,利用网络来犯罪隐蔽性更强,迷惑性更高。因此,青少年利用网络交友一定要慎重,而约见网友则更加要慎之又慎,以免财物和人身受到侵害。

要避免受伤害,办法也简单,不要随意在网上公布自己的真实情况,最好不要约见网友。如果非要见面,一定要征得家长或老师的同意,并有成年人陪同。

青少年学生网上聊天交友安全守则

网络聊天工具为网友间的交流提供了极大的便利。但与此同时,也为网络犯罪提供了伪装。因此,加强青少年的安全防范意识势在必行。提醒广大青少年网友在参与网络活动中应注意以下事项,加强自我保护意识:

1. 凡是那些有不良信息的网站,都不应该浏览;不健康的聊天室,都应该马上离开;如果不小心点击出了页面,应该马上关闭。

2. 保管好自己的密码,甚至不要告诉你最好的朋友。

3. 网上的朋友很有可能用的是假姓名、假年龄、假性别,可不要轻易上当。

4. 网络里也有一些怀有恶意的网友或违法分子,青少年网友应谨慎防范。在填写 QQ 个人资料时,注意加强个人保护意识,以免不良分子对个人生活造成不必要的骚扰。不要把自己的真实姓名、地址、学校名称或电话号码等与自己身份有关的信息提供给网友、聊天室或公共论坛。

5. 没有父母或监护人的同意,不要向别人提供自己的照片。

6. 不要理睬暗示、挑衅、威胁等一切令你感到不安的信息,一旦遇到这种情况应立即告诉自己的父母或监护人,对谈话低俗的网友,不要反驳或回答,以沉默的方式对待,将其从你的好友名单中删除,或把其加入黑名单。

7. 有人以赠送钱物等为理由请你前去赴约或提出登门拜访时应高度警惕。

8. 青少年网友应该保持平常的心态进行网络聊天交友,在不熟悉对方的情况下,应尽量避免和网友直接会面或参与各种联谊活动,以免被不法分子所乘,危及自身安全。如果在网上认识很久,又确实需要见面的,必须征得家长或监护人的同意,并由他们陪同,地点要选在公共场所。同时,要加强戒备心理。

9. 青少年网友在网络活动中应守法自律,不要参与有害和无用信息的制作和传播。

10. 不要轻信网络流传的信息，对于不熟悉或不知情的邮件和信息不要轻易查看或打开其链接或附件；不要相信那些中奖信息公告；对于那些需要网络援助的信息，不要过于相信，如发现是诈骗事件，应立即以各种方式通知其他好友，避免他人上当受骗。

第五节　中学生上网益处多

网络的信息化促使中学生要不断地更新观念，它使中学生不断接触新事物、新技术，接受新观念。除去非法的网站会对中学生造成伤害外，网络会给他们正面的东西。并且，对于中学生来说，网络是一个不可回避的东西，无论你喜不喜欢，它都将要成为中学生生活中不可缺少的东西，不让中学生上网，反而对他们的成长不利。那么，中学生上网到底有什么样的好处呢？

1. 开阔视野

因特网是一个信息及其丰富的百科全书，信息量大，信息交流速度快，自由度高，实现了全球信息共享。许多中学生使用网络来查找资料，让网络来帮助自己的学习，在被调查的对象中，认为自己通过网络提高了开放意识、竞争意识的人还不少。同学们通过阅读网上大量的超文本信息，潜移默化地改变了他们原有的比较固定单一的思想。也有同学认为他们在网上了解了世界的新闻动态,开阔了视野,也给他们的学习、生活带来了极大的乐趣。

2. 加强对外交流

　　网络创造了一个虚拟的新世界,在这个世界里,每一个顾客都可以超越时空的界限,十分方便地与相识或不相识的人进行联系和交流,讨论共同感兴趣的话题,由于网络交流的虚拟性,避免了人们直面交流的摩擦与伤害,从而为人们情感需求的满足和信息获取提供了崭新的交流领域。中学生上网可以进一步扩展对外交流的领域,实现交流、交友的目的。网络的交流采取了不同的表达方式,如 QQ 可以让我们摆脱语言文字的束缚,我们可以想象出许多更明快、更活泼、更贴切的表达符号,设计出不同的 QQ 表情;发明"稀饭""强""晕""爱老虎油"等无厘头的语言和一些用字符拼合的网络符号,因为有了这些,才可以让一些比较孤独的独生子女的心灵能在这里产生碰撞,产生共鸣。

3. 促进中学生个性化的发展

　　世界是丰富多彩的,人的发展也应该是丰富多彩的。因特网就提供了这样一个能展示自我的平台。中学生可以在网上找到适合自己的发展方向,也可以得到发展的资源和动力,在各类博客中张扬"自媒体时代",利用各种网络工具(如 QQ)的强大功能,我们可以设计出一个最满意、最个性的自我空间,在这个空间内展现自己的个人魅力。这给中学生进行大跨度的联想和想象提供了十分广阔的领域,为他们的创造性思维不断地输送养料。

4. 培养中学生的责任感

许多家长谈到孩子的责任心就频频摇头,提到上网就频频点头,那你要说利用网络来培养孩子的责任心,恐怕都会说"NO"。

拿最熟悉的 QQ 来说吧,如 QQ 堂游戏中,夺宝、英雄传说、机器世界等主题是最受中学生欢迎的了,为什么呢? 这就是因为它的游戏设计中强调了组队的玩家必须分工合作,而这些游戏过程却能改变部分同学的坏脾气,比如他们的一点点不满、一点点自私、一点点的不肯担责任,许多的一点点,都会给团队带来影响,如此一点点地来提高中学生的凝聚力和责任感。

5. 拓展当今中学生受教育的空间

网络是提高学习质量和效率的重要途径,是学生课堂学习的必要补充,是课外学习方式中最重要的一种。因特网上的资源可以帮助中学生找到合适的学习材料,甚至是合适的教师,这一点已经开始成为现实,如

一些著名的网校。这里值得提出的是,有许多学习困难的学生,学电脑和做网页却一点也不叫苦,可见,他们的落后主要是由于其个性类型和能力倾向不适合某种教学模式。可以说,因特网为这些"差生"提供了一个发挥聪明才智的广阔天地。"我们是赞成自己上网的。作为学生,我们不仅需要缓解学习压力,更需要源源不断地补充精神食粮。不可否认,我们当中的多数人上网是为了更好地学习,认为网络是辅助学业的一大工具。从这个意义上说,学生上网是有好处的。"在我们周围和网络上有不少的中学生是这样认为的。

掌握信息技术、提高网络使用效率,已成为信息时代必须具备的基本生存能力,成为每个社会成员能否进入信息时代的"通行证"!

第六节　沉溺网络的危害

时代发展,科技进步,人们的生活水平和质量不断提高。网络的普及,给人们日益增长的物质文化需要插上了翅膀。网民根据自己的需要,可以在网络上找到自己的天地。工作之余或退休以后,可以上网聊天,缓解精神压力,是一种自娱自乐的好方式。网络世界之大,无奇不有,给了人们一个广阔的天空,任其翱翔。古人云,秀才不出门,能知天下事。如今的网络使人人都可以变成"秀才",这要归功于高科技。

网络远程教学、网络购物、网络论坛、网络文学、网络征婚、网络炒股、网络聊天、网络新闻,等等,其内涵无穷大,确实给人们的工作、生活和学习带来了许多方便。现代人已经离不开网络了,它像一块巨大的磁

铁,吸引着无数的人,难解难分。

网络到底好不好,回答是肯定的,利大于弊。但是,任何事情都要一分为二,具体情况具体分析。什么事情超过了一定的限度,就会走向反面,也就是人们常说的,物极必反。倘若一味沉溺网络,势必给人们的生活、工作和学习带来不利因素,会产生这样那样的问题,甚至会走极端,这绝不是危言耸听。

这里试举几例,阐述沉溺网络的危害。

1. 沉溺网络,容易引发犯罪

北京一少年为偷钱上网把罪恶的刀举向了爷爷奶奶

17岁少年小新(化名)为了偷钱上网,竟然将奶奶当场砍死,将爷爷砍成重伤。事后,小新投案自首。

小新因沉迷网络,学习成绩陡然下降。初中还没有毕业便辍学。

因担心儿子整天沉迷于网吧,小新的妈妈让他照看家里的台球桌。小新把看台球桌挣的钱拿去上网。后来家里不再提供上网的钱。小新就想到了偷。2008年6月上旬,小新偷了爸爸2000多元在网吧待了一个星期。父亲的一顿打骂对小新来说已经起不到任何作用。仅仅几天,上网的欲望又像虫子一样噬咬着他的心。此时,爸爸月初给奶奶生活费时说的一番话浮现出来。"爸爸说爷爷那儿有4000多块钱,当时听了也没太注意,后来就想去偷爷爷的钱。6月15日中午我就去爷爷家,晚上,看爷爷奶奶都已经睡了,就去翻,可一想怕把奶奶吵醒了,就想用菜刀把奶奶砍伤了再翻。"

睡梦中的奶奶倒在了血泊中,响声惊动了爷爷。不顾一切的小新又将菜刀砍向了他。爷爷受伤后逃出家门。小新翻箱倒柜也没有找到那4000元钱,只在奶奶兜里找到了两元钱。事后,小新的爷爷说,那是奶奶为孙子准备的早点钱。小新捏着两元钱在村口的一个洞里躲了起来。思来想去,还是投案自首了。

小新告诉记者,奶奶从小最疼爱他,有什么好吃的都惦记着他。他在看守所里最想念的就是九泉之下的奶奶,"我当时只想拿到钱后就去网吧,根本没想后果。如果让我在上网和奶奶之间重新选择,我肯定选择奶奶。"说到这里,他痛哭流涕。

2. 沉迷网络游戏,损害身体健康

从生理学的角度讲,青少年正处于身体的生长发育期。在这一时期,青少年学生除了完成学习任务之外,还应当积极地参加学校和社会组织的各项活动,参加体育锻炼,并且保证每天有充足的休息时间,以保证身体能够在这一关键时期健康地发育成长。如果长时间上网,长时间注视电脑屏幕、长时间保持不变的操作姿势,会对身体造成很大的伤害。

健康游戏忠告

抵制不良游戏,拒绝盗版游戏。

注意自我保护,谨防受骗上当。

适度游戏益脑,沉迷游戏伤身。

合理安排时间,享受健康生活。

情景一:

在我国某城市,两名初二的学生用家长给的零花钱,在网吧里连续上网8天8夜,当焦急万分的老师和家长在网吧找到他俩时,这两个学生已经头脑麻木得不知东南西北,面容憔悴,身体虚弱不堪。家长无奈地把他俩送进了医院。

情景二：

在我国最近发现多例儿童患"鼠标指"的病例。患"鼠标指"病的孩子，大多是整天在电脑前玩游戏的孩子，由于点击鼠标频率非常快，使手指长期处于高频率运动状态，当他们离开电脑后，在静止状态下，手指依然不能控制地不停颤动，如同点击鼠标状。

3. 过分迷恋网络，影响心智健康

情景一：

某中学的学生阿项（化名）因过分沉迷网络游戏，升上初中后不到半个学期就患上了精神分裂症。

据阿项的老师称，阿项经常精神恍惚，上课时不断自言自语。刘老师好奇之下，问他在跟谁说话，不料阿项竟说有人在他耳边说话。刘老师听了大为惊讶，立即将此事反映给家长，家长将他送到医院作了详细检查。经检查，发现阿项患的是精神分裂症，估计是因为长时间沉迷网络，精神一直处于紧张状态而得不到有效松弛所致。由于阿项已经无法正常上课，父母只好给阿项办理了休学手续。记者在阿项曾就读过的学校采访时，他的部分同班同学表示，阿项在班上绝对算是一个另类，行为古怪，平时没什么交往。"他的喜怒哀乐变化很快，一会儿高兴得手舞足蹈，一会儿又显得很沉闷，着实让人摸不透。"一位同学表示，阿项在班上没有什么要好的朋友，上课不听老师讲课，下课后喜欢看窗外，脸上经常会浮现出诡秘的笑容。有段时期，有同学曾试图与他交朋友，但每每跟他谈话，他却从不回话，只是用笑容来回应，根本无法走进他的内心世界，最后只好放弃。

由于阿项在校期间的行为越来越让人难以捉摸,他的班主任曾就此事向学校领导呈递了一份报告,阿项成为了校方重点关注的对象。记者在这份内部报告中看到,班主任称阿项自 2004 年开学以来,问题越来越多:不讲卫生,随处吐痰和吐口水,有时甚至还故意吐在同学身上;开学后性情大变,胆子越来越大,多次主动无事生非挑衅同学;复仇心态较重,对同学有暴力倾向,同学间有小小的摩擦他都会进行复仇,缺乏同情心,严重影响课堂秩序和同学的团结;在校表现怪异,对自己的种种失常行为不能自我控制。目前,阿项因精神分裂症已经休学,至今还在求医途中。记者在采访的过程中发现,阿项沉迷于网络游戏,父母对孩子的教育不当要负相当大的责任。

据了解,阿项的父亲是做生意的,经常早出晚归,根本没有时间管教孩子。阿项的母亲文化水平不高,下班回家后除关心儿子的生活起居外,其他方面则十分纵容。自阿项上小学五年级,父母就为他购置了电脑,不料儿子竟然用电脑玩起网络游戏,而且沉迷其中,不能自拔,经常玩到凌晨两三点。尽管父母发现后加以干涉,软硬兼施让他休息,可当他们一走开,阿项马上又爬起床来继续忘我"奋战"。

情景二:

心急如焚的罗先生告诉记者,他的儿子小泉从 2002 年开始就迷恋上网,平时就泡在网吧里,整天痴迷于《传奇》、《星际》等游戏。随着时间的推移,小泉渐渐不愿上学,也不愿与其他同学来往。甚至还向罗先生提出"请家教"的要求以逃避学校的集体生活。

一次,小泉独自一人从在广东工作的妈妈那里回江华。罗先生一直未见他到家,打他的手机也打不通。就在罗先生心急如焚、准备向派出所报案的时候,小泉终于回来了。原来,小泉从广州乘火车回到江华,但他到江华后没有回家,径直"泡"进了街头的一家网吧,直到花光了身上所有的钱,再没钱上网了才想到回家。而此时,小泉在网吧里已经连续"奋斗"了3天2夜。此后,小泉就不大愿意与人交流,甚至经常莫名其妙地发脾气,有时显得十分暴躁。

罗先生告诉记者,由于自己从事客运工作,平时比较忙,加上妻子也在外地工作,很少过问孩子的学习和生活情况,小泉本来就沉默寡言,现在成天沉迷于网络游戏中,他的性格更加孤僻,"有时一天都难说上一句话"。对此,罗先生一脸的苦恼。

情景三:

2005 年 11 月 14 日,安徽省庐江县年仅 16 岁的少年胡彬在服用了农药之后,被紧急送往安徽医科大学第一附属医院进行抢救,到达医院时,胡彬已经生命垂危,两天后,胡彬离开了这个世界。

对于胡彬采取这种极端的方式结束自己的生命,胡彬的家人、老师和同学一致认为网络游戏是胡彬自杀的罪魁祸首,这是因为在胡彬自杀前,曾经在当地一家名叫飞宇的网吧里疯狂地玩了 11 天的网络游戏,随后就发生了自杀的悲剧。然而,对于他们的这种说法,有一个人提出了强烈的反对,那就是飞宇网吧的老板。这位网吧老板声称,他承认胡彬在自杀的前几天的确是在他的网吧里度过的,但是时间不是 11 天,而是 4 天,而且胡彬在到他的网吧的时候,就已经有些异常。网吧老板还指出胡彬不是第一个到他网吧玩网络游戏的孩子,其他孩子都没有发生过类似的事件,由此说明胡彬的自杀与玩网络游戏没有直接的关系。而且,对于一个 16 岁的初三学生来说,学习压力过大,缺少家庭关爱以及违法犯罪之后的畏惧心理,等等,都有可能成为他走上绝路的动因。

应该说这位网吧老板的说法不无道理,那么胡彬之死是否真的如这位网吧老板所说另有原因呢?事实是,在老师、同学和邻居们的眼里,胡彬生活在一个幸福的家庭之中,经济状况较好,拥有父母的关爱,而且还没有升学的压力,由此可以判断胡彬根本不可能由于学习和家庭的原因而走上绝路。既然如此，那么胡彬自身的品行又如何呢？是否存在一些违法犯罪的现象呢？记者通过走访当地的公安部门，了解到胡彬没有任何劣迹。通过深入调查胡彬的方方面面，记者发现，除了网络游戏，还真找不到能够解释胡彬自杀的其他理由。

在抢救的过程中，胡彬向父母讲述了自己11天的出走经历。原来，为了好好打网络游戏而不被父母找到，胡彬并没有像往常一样前往县城里的网吧，而是去了一个乡镇里的网吧。开始他一天吃一袋方便面，晚上，三个椅子拼起来往上一躺就睡了。这期间没有人过问这个少年的冷暖饥饱。

对于胡彬喝农药的原因，胡彬的父亲说："胡彬在医院讲，爸爸我喝的这农药有剧毒。我问他，有毒你为什么还喝？他说，'我喝就是想让你们救不活我。'他说他已经玩够了。"胡彬的母亲说："儿子老对我说，妈，我管不住自己，我就是想玩，他说管不住自己的腿，他说也不想气妈妈，不想对不起妈妈，可就是控制不住自己，就是想玩。他说，夜里心里老是想着游戏，老是睡不着，就是想玩。"

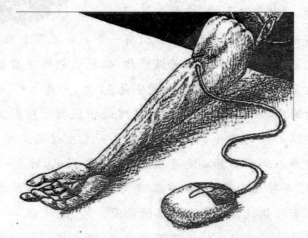

2005年11月16日，胡彬在死前说的最后几句话是："有妖怪过来了。杀光！杀光！"在病床上，孩子的手还在动，似乎还在打着游戏，如今，"因特网中毒"在美国已经成为日益严重的社会问题，日本的"因特网中毒"患者也是迅速增加。中毒者每天起床后出现莫名其妙的思维迟缓、情绪低落等症状。严重的则是一旦停止上网就精神失常,甚至出现其他异常行为。

上述事例证明青少年长时间上网会导致智力下降、心理扭曲。长时间上网易患网络成瘾症,患病者一上网精神就极度亢奋,在平时则经常出现焦虑忧郁、人际关系冷淡、情绪波动、烦躁不安等现象。

罗马精神病科专家托尼诺·坎泰尔米指出:"网络成瘾都是主动的,严重时这些人会失去自我,完全改变个性。"某研究部门的专项研究表明,长时间上网会使大脑中一种叫多巴胺的化学物质增多,因而令人高度兴奋,而这种物质释放过度后则使人颓废消沉。可见,长时间上网会损害青少年的身心健康。

4. 沉溺网络,会浪费宝贵光阴

网络是虚拟的,有很大的隐蔽性、复杂性和诱惑力。诺贝尔文学奖获得者,88 岁的英国女作家多丽丝·莱辛,在她获奖感言《关于未获诺贝尔奖》的文章中说:"网络给人们思考能力带来极大影响,用其虚无引诱了整整一代人。即使理性的人们认识到已经上钩,也难以自拔。"她的话不无道理,发人深省。倘若一个人整天泡在网络上,必然是胸无大志,不思进取,只能是消磨人生宝贵的光阴。凡事有个度,才是正确的网络人生。

一位妈妈祈求沉迷网络的孩子:儿子,你不能放弃高考

《处州晚报》2006 年 5 月 29 日报道(见习记者　陈珍)因迷恋电脑游戏,儿子竟然连高考都不参加了。妈妈林女士心急如焚地打进热线哭诉:"我不能就这样放弃,请大家帮帮我。"

林女士说,"儿子初中的成绩是数一数二的,英语成绩都是第一名,中考的时候全村考上重点中学的就两个,儿子就是其中一个。"但是最近却迷恋上了网络游戏,打游戏的时候,别人打到四百多分,他却已经三万多分了,林女士很困惑:他这么沉迷于网络游戏,到底是什么原因?

林女士告诉记者,涵涵以前很懂事的,在学校走廊上,看到一个纸

团,都会捡起来,走上几步扔到垃圾箱里去;一次下着大雨,涵涵的自行车胎坏了,他就跑步5千米多赶回了家,我心疼地问:"为什么不打个车?"他笑着说:"妈,我身体很好,打车很贵的。"

涵涵的班主任章老师说,涵涵性格比较内向,有点孤僻,不怎么合群。学习的时候是根据自己的兴趣来学的,不喜欢在课堂学习,家庭作业觉得有必要做就会做,觉得没必要做就不做,但是最后的成绩都是很好的。

对于涵涵不愿参加高考,章老师认为,心理负担过重是造成他产生偏激思想的重要原因,而玩电脑游戏等虚拟的东西,往往是他们逃避现实、释放压力的一种方式。

5. 沉溺网络,会阻碍人的思维

毛泽东说过,实践出真知。人们只有通过实践活动,才能获得更多的认知和经验,反作用于实践。多丽丝·莱辛说:"如果沉溺网络,作家不会从没有书的房子里突然冒出来。"虽然她讲的是关于作家的话题,但道理是一样的,即缺乏实践活动,会阻碍人们的创造力。一位大作家也曾说过,网络写手是出不了大作家的。虽然说得有点绝对化,但不无道理。不经过实践活动,东凑西拼是写不出精品的。

6. 上网时间过长,疏远现实社会

方芳的父母对方芳寄托着很大的希望,他们企盼着方芳能考上重点

网络上瘾症状
· 网络游戏成瘾
· 网络色情成瘾
· 网络关系成瘾
· 网络信息成瘾
· 网络交易成瘾

高中。为了帮助方芳学习,家里给她购买了电脑。起初,方芳还能按父母规定的时间有节制地上网,但到了后来,方芳一上网就感觉像进入了一个神奇的世界,她渐渐对电脑达到"酷爱"的程度,甚至到了废寝忘食的地步。方芳花在学习上的时间越来越少了,每天一回家,马上就与电脑"泡"在了一起。

　　渐渐地,父母的话在她听来越来越不重要了,学校老师讲课的内容越来越听不进去了,与现实中亲朋好友和同学的交往越来越少了,网络成了她的一切……以往那个活泼、开朗、上进的方芳不见了,上重点高中的理想也成了泡影。

　　现在的青少年多为独生子女,由于接触的人群有限,在成长过程中缺少与众人的沟通。所以使他们非常关注自我,崇尚独立,性格孤僻,进入网络世界,长期活动在"人—机—人"的封闭环境中,更减少了与他人、与社会接触的机会。当虚拟的"人机关系"长期代替现实的"人际交往"时,必然造成人际关系的淡化,而青少年得到的只是一种虚拟的情感,只是一种逃避现实的生活方式。

7. 沉溺网络加重经济负担

情景一:

读高二的张华,在老师和家长的眼中,是一个学习刻苦、关心集体、热情开朗的好学生。他虽然家境贫寒,但他聪明伶俐,好学上进,学习成绩一直在班里名列前茅。

他还参加学校组织的各项业余活动,练书法、打乒乓球、练长跑,而且成绩还不错,在体育比赛中还常常为班里拿上几分。上初中时曾经被评为区里的三好学生。一个偶然的机会,在同学的怂恿下,他怀着一种好奇,去网吧上网。电脑里花花绿绿的色彩,五彩缤纷的游戏,使他格外开眼。

之后,无论在学校还是在回家的路上,他满脑子想的都是上网的事情。以后每次同学约他,他都不拒绝。随着去网吧次数的增加,他的学习成绩越来越差。他几乎每天都逃学去上网,将早点费、零花钱节省下来,送到网吧老板的手中。但这样做也不能满足他上网的欲望,他苦思冥想,最后萌生了邪念,把心思打在了网吧老板的身上。

他多次藏在黑暗中,观察网吧老板上下班的时间,打探网吧老板出入的行踪。终于有一天,他以为机会来了,万万没有想到,在他行窃时却被网吧老板当场抓获。

情景二:

沉迷网络游戏的 17 岁少年小陆(化名),为购装备向同学的妈妈借款,结果连本带息欠下 7.7 万元高利贷,被同学的妈妈告上法庭。

为玩游戏向同学母亲借钱欠下 7.7 万元

年仅 17 岁的小陆，读高中二年级。他家里条件比较好，父亲办厂，生活富裕。小陆成绩不太好，唯一的爱好就是玩网络游戏"传奇"。他有一个"死党"叫小马（化名），与他同龄。他们是初中时候的同学，从初中开始就在一起玩"传奇"游戏。

因为玩游戏，他们把学业给荒废了。小马的家庭条件不如小陆，而且是个单亲家庭，到初中毕业就到一家公司上班去了。小陆则被父亲送进了学校，家里对他寄予了很高的希望。出了这个案子后，他父亲叹气地说："这孩子也真不争气！"

小陆和小马在"传奇"里扮演的都是盟友角色，在网游里，他们经常肩并肩与疯狂的敌人拼杀，一次次虎口脱险。在生活中，他们有时候碰不到一起就通过电脑联网一起玩，有时候就约到同一个网吧玩，夜不归宿也成了常事。

小陆和小马玩"传奇"的级别是高手级别，为了使自己在游戏中的实力更强大，他们需要购买很多游戏装备。而这些装备价格不菲，父母亲本来就反对他们玩游戏，向他们要钱肯定不行。

于是两人商量，由小陆向他的母亲借钱。2007 年 5 月，小马介绍，小

陆向母亲借钱,还出具了金额为 7.7 万元的借条。

到期还不起钱被告上法院,父亲代他出庭

小陆的父亲在法庭上说,儿子其实就借了 2.8 万元钱,另外的都是利息,小马母亲向小陆放高利贷。而小马母亲当庭也叫来一个证人,表明当时是看到小马母亲将每叠 1 万元的 7 叠钱加一些散钱交给小陆。小马母亲还出示了借条。借条上写明了借款金额为 7.7 万元,借款时间为 2008 年 5 月 15 日,还款日期为 2008 年 6 月 20 日。

然而到 11 月份,小陆也无法归还小马母亲的钱。于是小马母亲就将小陆告上法院,要求连本带息归还 7.7 万元借款。

小陆属限制行为能力人　此案最终成功调解

小陆的父亲收到法院起诉书副本时吓了一跳,儿子竟在外借钱,结果一问,还是为了玩游戏。

在庭上,小陆的父亲和代理律师认为,小陆实际年龄还未满 18 周岁,属限制行为能力人,其行使民事活动应由其法定代理人代理或征得法定代理人的认可。而这一借款行为,明显超越了其民事能力的范围。在未征得其父母认可的情况下,该借款行为应属无效。

小马母亲则表示，小陆三番几次央求她，她才心软借出这笔钱。而她习惯对年龄以虚岁计算，现在钱已给了小陆，其父亲应该代为归还。

庭审结束后，法院对双方进行了调解，最后双方谈定归还 4.5 万元。小陆父亲当庭支付了 4.5 万元。

办案法官呼吁为青少年营造良好环境

法庭调查中得知，小陆的父亲为了使小陆读好书，脱离网瘾，还把他送到外地读书，以为这样可以远离他的网络游戏。结果还是没有效果，就又把他送回家门口的学校读书。但孩子还是沉迷网络游戏，小陆父亲对此无可奈何。

此案虽成功调解，但法官的心依然沉重。审理该案的范法官表示，现在青少年沉迷网络的问题越来越多，此案虽然结案，但想让孩子彻底摆脱网瘾还需要社会各界给他们创造健康的成长环境。

第七节　青少年沉溺网络的原因

青少年为什么会如此沉迷于网络游戏？这是一个值得大家深思的问题，对此我们询问了有关专家和网络游戏的爱好者。

专家介绍，那些网络暴力游戏往往设置为积分制、对抗情景和类似于现实的场景，长时间这种近似逼真的体验使青少年习惯了打打杀杀与血腥场面，已经分不清虚拟网络世界和现实世界，把游戏与生活实际相

混同,从而使他们的思想高度紧张,情绪变化更剧烈,富于攻击性,暴力倾向更强,对人的生命冷淡得近乎漠视,这正是当前青少年犯罪的一个重要的诱发因素。由于目前青少年的学习压力很大,在学校和家庭的双重压力下,整天学习又缺少娱乐场所的他们当然会想找一个地方来松弛一下紧张的神经。在游戏中实现他们的成就感便成为他们玩游戏的一个主要原因,通过在游戏中充当诸如将军这样的角色,他们的心理欲望会得到很大满足。由于沉迷暴力游戏不能自拔的往往都是一些意志薄弱、自制力差的未成年人,因此一旦他们在现实生活中体验到类似网络暴力的情感和环境时,往往容易丧失理智,毫不犹豫地把在虚拟游戏中的行为运用于现实的人际冲突,导致一些悲剧发生。还有就是家庭的原因,父母对孩子的管教不严或方法不对,导致孩子想逃离生活,所以他们会毫不犹豫地选择网络游戏。

游戏者说,他们会如此沉迷网络游戏是因为在生活中找不到成就感,还有较大的压力,而这些压力均来自学校或家庭。有的是因为在生活中被人瞧不起,被人欺负,感觉自己被社会遗弃,所以在暴力游戏中发泄。根据以上的资料,总结出几点原因:

1. 青少年在生活和学习上有很大的压力。
2. 青少年的意志薄弱、自制力差,容易把自己卷进游戏中。
3. 在生活中找不到的成就感在暴力游戏中可以找到。
4. 青少年很喜欢刺激的感觉,而这种感觉在暴力游戏中可以找到。
5. 家庭教育出现问题。

青少年的自制力差,在虚拟的网络世界里,现实社会中无处不在的道德约束和法律威慑都荡然无存,他们长期被压抑的生物性本能就在征伐杀戮中毫无掩饰地被释放出来。所以他们会沉迷于网络游戏。

案例:

张俊杰从小就爱玩游戏机,爱看卡通书。长大后更是沉迷于网络游戏,经常是到了晚上妈妈要到街上的各个网吧去找他回来,为此挨过不少的打骂。初中时夜里十一二点才回家已经成了家常便饭,到了高中更

是变本加厉,有时一两天都不回家,泡在网吧里玩电脑。

　　终于,老师找到了张俊杰的家长了解情况,因为他已经好几天没来学校上课了。张俊杰的妈妈很无奈地对老师说:"过去在小学时,他的学习成绩一直不错,初中成了中等,到了高中成绩变成中下了。他有许多奇奇怪怪的想法,愿意独来独往,情绪的波动也比较大。"

　　接下来,老师还了解到,张俊杰的父亲是一个农转非的工厂职工,平时好在外面打牌,有时连着几天在外面打牌不回家。为此,张俊杰的母亲常常抱怨。并且,张俊杰父母的脾气都不好,夫妻常常吵架。有时,张俊杰的母亲也会将对丈夫的不满迁怒于他。

　　张俊杰的妈妈说:"我在市公交公司上班,每天都要倒班,早上四五点就要出家门,晚上有时十一二点才回来,孩子从小就跟着他爷爷奶奶一起生活。自从孩子经常到外面玩电脑,我就要求他父亲管他,但他对孩子要么打骂,要么就不管。他好像从小对孩子就很少关心,不能说他不爱孩子,但是从来也不多和儿子说话。比如,孩子小时候曾要求父亲带他出去玩,但他父亲总是敷衍,很少正经陪孩子玩过。说起这些来,也真的有些对不起孩子。"

　　听到这,老师终于明白张俊杰沉迷网络的原因了。于是反问张俊杰的妈妈："您没有意识到上网玩游戏,已经成了孩子的一种心理依赖了吗?"张俊杰的妈妈默默地低下了头。

张俊杰依赖网络的背后,一个重要原因就是情感的缺失。孩子在成长过程中,离不开父母家人的爱和亲情,在孩子的成长背景里,由于种种原因,他不能从父母和家庭中获得亲情的理解和支持,才转而迷恋网络和游戏,这偶然中其实存在着必然。

在家庭中感受不到关怀、感受不到爱而开始在网络中寻找安慰的孩子不在少数,这些情况不能不让人担忧,更不能不让父母反思。

现如今,许多家长对网络和网吧深恶痛绝,有的甚至把它和"黄、赌、毒"并列为对青少年的第四大危害。面对孩子玩电脑上瘾,有的家长每天四处追踪,只要追到网吧里,不仅打孩子,连网吧的电脑也要砸;有的家长甚至半夜里向派出所报警,请求把儿子带走……那么,孩子上网成瘾,究竟是谁的过错呢?

当然客观上存在一些原因,比如社会风气不良,家庭学校教育失误,网吧和游戏公司行业管理不完善,网络本身的匿名性、开放性等。但是,同在一个蓝天下,为什么大部分孩子没有"网瘾"呢?究其原因,这是因家中父母感情不和,有的本身就是单亲家庭,还有的存在着与父母沟通的障碍,依赖网络就是为了远离父母!

还有就是孩子的个人原因我们也不能忽略。比如有一些孩子在性格上存在缺陷,性格内向、成就感低、自控能力差,不能拒绝诱惑,承受挫折能力差,缺少朋友和亲情,在人际交往中经常出现阻碍与困惑等。这是孩子上网成瘾的重要原因。或者某些孩子身心发育不同步,我国独生子女一代生理早熟,心理滞后,性欲望与日俱增,但性心理却极不成熟,因为对性普遍存在神秘感,极易受不健康网站和游戏的诱惑而不能自拔;或者某些孩子具有消极的学习动机,如我不得不学习,这就造成了普遍的厌学情绪,再加上某些教育的应试化和非人性化,导致了青少年的学习压力很大,精神长期处于紧张状态,上网聊天、玩游戏则是获得理解和成就感的一种途径;或者某些孩子受到好奇与从众心理的驱使。青少年有着天然的、自发的积极探索外部世界的好奇心理倾向。对一些不健康的网站和游戏,常常抱着好奇的态度介入,如果此时不加以正确引导,常常一发不可收拾,最终就会沉溺其中。

但说到底,孩子依赖上网的心理的形成,是与亲子沟通不良分不开的。社会的激烈竞争,使很多家长忙于工作而顾不上教育孩子,造成家庭和父母责任的缺失,使孩子和父母之间常常缺乏交流和沟通。这些都导致青少年处于一种生理和心理苦恼期。长期受到的压抑,需要一条途径加以宣泄,上网聊天无疑提供了这一途径。

有人说,父爱是孩子的太阳,是成长不可缺少的阳光;母爱是孩子的月亮,帮助孩子在黑夜找到方向。这是非常有道理的,孩子在成长和学习过程中,既离不开和父亲的交流,也离不开和母亲的沟通,并且如果父母关系和谐,家庭氛围温馨,对孩子的学习和成长更为有利。生活在这种家庭中的孩子,迷恋上网的可能性会大大降低。

要想拯救那些从心理上依赖网络的孩子,家长首先要从感情上给予孩子关怀,帮助他们一起克服网络的不良吸引,重新回到正常的学习生活中来。

第八节　养成正确的上网习惯

一、青少年的自我约束

1. 端正对电脑网络的态度

信息时代,电脑、互联网成了我们学习、生活、工作的智能化工具,但是,智能再高也是由人设计、制造、使用的工具。无论什么时候,人都不能变成物的奴隶,更不能丢弃人类文明的本性。

一位美国现代科学家早在1982年论述科学前沿问题的演讲中就指出:"社会面临的真正挑战是:我们是否会让电脑诱惑我们去滥用,甚至践踏下列基本价值——诚实、自由、平等、相互信任、爱情、尊重法律和他人的权利及幸福;因为这些基本价值正是一个文明社会赖以生存的基础和希望。"

现代生活将离不开电脑网络,但它不能成为我们生活的全部。美好、健康的生活,需要丰富多彩的内容,需要郊野的绿色,需要山林的空气,需要踏青的快乐,需要秋收的金色,需要温馨的亲情,需要音乐的陶冶,需要身心的健康,还需要读书学习!青少年朋友,这一切美好的东西,怎么可以"e网打尽"?!对于电脑网络等现代化工具,还是保持一种讲求实际、不慕虚荣、掌握技术、适度使用的心态为好。

希望沉溺于网络的青少年网民们,尽快清醒起来,不要成为网络的奴隶,而要成为网络的主人。面对阳光,舒展身躯,拥抱现实,融入到绚丽多彩的现实生活和大自然中去吧!

2. 增强网络活动的自控意识

网络是把双刃剑。它既能给青少年学生带来"学习的革命",给他们的学习和生活带来许多益处;同时,如果不能很好地利用,也会对青少年产生许多负面影响。青少年学生是网络应用的重要群体,应当自觉学习、遵守和宣传网络公约,积极、主动地利用网络提高自身素质。

3. 不做"网虫",避开"网害"侵扰

涉世不深,判断能力和自护能力较差的青少年,经不住网络的诱惑,上网成瘾,直至成为"网痴"、"网虫"。这些小"网虫"的特点是:

(1)上网时间失控,总觉得时间短,不满足。

(2)每天最大的愿望就是上网,想的、聊的主要内容也是网上的事。

(3)在网上全神贯注,到网下迷迷糊糊,学习成绩明显下降。

(4)有点时间就想上网,饭可以不吃,觉可以不睡,网不能不上。

(5)对家长和同学、朋友隐瞒上网的内容。

(6)与家长、同学的交流越来越少,与网友的交流越来越多。

(7)泡网吧的主要目的是网上聊天、玩网络游戏,有人甚至是为了浏览不良信息。

(8)为了上网甘冒风险,撒谎、偷窃、逃学、离家出走。

4. 自觉控制上网时间和网上行为,保证身心健康成长

要严格控制上网时间。尽管网上的世界十分精彩,但上网的时间要

有度,要有节制。对青少年学生来说,正处于青春发育期,上网超时会有损视力,有损骨骼的生长,不利于身体的发育。

医学专家指出:青少年每天用电脑不要超过两个小时。使用电脑一个小时后,最好休息几分钟,到户外活动活动身体,呼吸一些新鲜空气,以消除疲劳,保护视力。

同时,要明辨是非,控制网上行为。面对互联网中纷繁复杂的信息,青少年学生必须时刻保持清醒的头脑,要增强自己的判断能力,要自觉进行判断、过滤、自我防范。青少年学生还应当有效地控制自己的网上行为,规范自己的网上行为,明白网络上的违法行为与日常生活中的违法行为一样,都要受到法律的惩罚。

网上生活不遵守规则,久而久之就会影响到自己的日常行为。因此,青少年学生要做到文明上网,行为和网络言论符合社会与公众认同的道德规范,做一个文明、健康、守法的网上公民。

5. 明确上网目的,做有益的事

青少年学生应当不断地提高自身修养,明确上网的目的。我们上网的目的应该是借助网络提供的信息开阔视野,学习新知识、研究新知识,利用网络进行最有效的学习。如果把大好的时光和先进的信息工具用来毫无节制地玩游戏或网上聊天,就偏离了正确的上网目的,不仅耽误时间,还会影响自己健康人格的形成。

6. 保证正常的学习、生活、交流与体育锻炼

网络只是我们生活中的一部分,更多的实践知识仍然来自于现实生活中。青少年在畅游网络、感受信息时代的种种精彩的同时,仍要注重在学校课堂上各科知识的学习,注重日常生活中与家人、老师和同学的交流,全面发展才能促进自身素质的不断提高。

青少年要保证每天足够的体育活动的时间。很多同学接触到网络以后就忽视了体育锻炼,这是不对的,会影响到身心的健康发展。在上网的时候,更加要注重体育锻炼与身体保健,减少上网对于身体健康的不良影响。

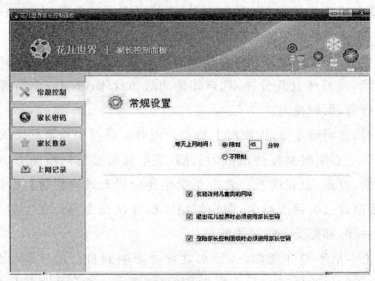

二、家长的正确指导,让孩子"绿色上网"

网络已经渗透到生活的方方面面,网络是信息的海洋,是交流的平台,孩子接触网络并非坏事,关键是让孩子学会科学地利用网络,这就需要父母的正确教育和指导。家长们不妨抛弃拒绝网络的心理,到网络世

界中去体验一番,接受和了解网络,当孩子需要帮助时,能及时伸出关爱的双手。

可是有些家长不懂网络、不会使用电脑,这就使他们在对待电脑的时候,与孩子产生了不同的立场,难以走进孩子的心,所以家长网络"脱盲"刻不容缓。目前,家长中能熟练运用电脑、网络的实在不多。有关调查显示,64%的父母对电脑不太了解,其中20%以上的家长只懂一点点。因此,家长们需要与时俱进,学会熟练运用电脑,掌握教育孩子健康上网的技能,带领孩子遨游健康的网站或者青少年专区,进行亲子互动。

在承认网络对孩子成长和成才的作用的同时,家长还需认清网络的危害,特别是一些暴力、色情网站、网络游戏、网上行骗等,都不利于孩子的身心健康。因此,家长应该趋其利,避其害,既要让孩子充分利用网络资源,又要避免孩子沉迷于网络。

第九节　远离黑网吧

作为互联网上网服务行业的一种新兴行业,网吧从其诞生之日起,便饱受争议,有关网吧非法上网服务业务(通称黑网吧)的监管治理一直是各界关注的焦点话题之一。中学生不但不应进入网吧,更应警惕"黑网吧"。

新闻追踪:

(记者　李德锐　通讯员　周善之)近期,灌南工商局在"护蕾"行动中,共检查网吧经营户 72 家,依法取缔"黑网吧"7 家。

检查中发现,由于目前农村市场监管存在薄弱环节,"黑网吧"经营场所设备非常简陋,没有相关的消防设备,存在安全隐患。由于这些"黑网吧"是以个人身份办理上网手续,没有按公安、文化部门的要求安装指定软件,不能通过指定的软件阻止网民进入不健康、色情的网站,使一些有害信息通过互联网传播,影响未成年人的身心健康。

工商执法人员介绍,"黑网吧"向农村蔓延主要有三大原因:一是经营投资少,成本低,利润高。从查获的农村"黑网吧"情况来看,经营场地

多选择农村民房,面积 10～15 平方米,可以摆放 3～8 台 PC 机,这些设备大部分是经营者二手购入,一间规模小的"黑网吧",投资第二个月就能赢利;二是经营"黑网吧"吸引力强,客源多。三是农村上网服务需求大,而市场准入门槛高。根据当前实际情况和现行的行政审批制度,农村上网服务行业的核准登记受到政策限制,每个乡镇只能设立 1～2 间网吧,难以满足需要,在市场需求大、利益高的驱动下,"黑网吧"生存空间极广。有的为了掩人耳目,还以办电脑学校或电脑培训班的名义,开办"黑网吧"。

针对"黑网吧"向农村蔓延的现状,建议采取堵与疏、自律和他律相结合的办法,进行综合治理:一是齐抓共管。网吧的管理涉及文化、公安、工商、消防、电信等部门,既要各负其责,又要齐抓共管,实行定期集中整治;二是严格执法。对违规经营的可采用罚款、停业、拘留等处罚措施;三是公开曝光。对违法经营的网吧进行公开曝光,让违法经营者信誉扫地、信用丧失,关门转业;四是技术监控。针对"黑网吧",电信可与工商部门协同,处罚和断网相结合,根据相关法规,电信对有证照网吧进行限时经营,网监部门运用相关软件对黄色和带有赌博性质的网站进行封堵;五是教育引导。学校、家庭要对青少年加以引导,教育青少年正确对待网络,要学为所用,而不能沉迷其中,影响学业;六是协会自律。县以上可以成立网吧协会,发挥自我教育、自我服务、自我管理的"三自"作用。

黑网吧的特点

在现实生活中,人们将无照经营,非法经营、复制、传播妨碍社会治安和有害信息的网吧,称之为"黑网吧"。这类网吧是"网毒"的重灾区。很多网吧业主由于利益驱使以及一些不良的用心,在网吧的电脑中故意设置一些违法的内容,或者加上一些不良信息网站的链接,来误导青少年的上网活动。

它们有的打着"普及电脑知识"的幌子,经营各种宣扬暴力、迷信的电子产品;有的为了招揽生意,直接从网上下载黄色图片引诱青少年。在这类网吧的所谓"聊天室"中,平时难以启齿的污言秽语俯拾皆是。一些青少年由于沉溺于黑网吧,致使身心受到严重伤害,甚至走向犯罪的深渊。可见,黑网吧是腐蚀青少年灵魂的危险场所,对此,一定要加大查处力度,坚决将其取缔。

1. 黑网吧具有隐蔽性。黑网吧通常是以一个合法的经营外壳来逃避管理者的检查,如以打字复印社、高校的电子阅览室为依托。

2. 黑网吧正逐步由城市向乡村转移。由于城市居民收入的增长,个人电脑、连锁网吧基本上已经满足了那里的需求,再加上管理的严格,使得黑网吧很难存在。而广大的农村由于经济的贫困,要想发展信息化,网吧是新兴的载体。

3. 黑网吧的主要客户基本上都是学生。例如打字复印社往往吸引的是广大的学生,他们需要打印毕业论文、资料等,家庭网吧吸引的是村子附近的小学生,高校的电子阅览室更是由于其环境良好,配置速度快,又可以通宵吸引了大量的学生,对于学生的危害性是非常大的。

4. 随着对网吧的治理的深入,黑网吧业主们也一刻都没有停止思考如何将"黑网吧进行到底",他们大有进行持久战的架势,这也从某种角度说明了运动式治理网吧的方式是不可能从根本上治理好网吧的,网吧治理的关键在于常规性,按照既有的法律治理。

5. 黑网吧成本低廉,利润高。据调查,构建一间网吧,设备费、上网费、房租费、人工费、水电费投资成本在 3 万元左右,每月开支 2500 元左右,每月收入 2 万元—2.7 万元左右,纯利润 2 万元,成本收回时间大概是一个月。

黑网吧的危害

黑网吧都没有安装网络安全监管软件,其网络是"全球通"。消费者如果登录境外反动网站发布反动言论,必将造成严重的政治后果;如果登录黄色网站,也必将对其心灵造成腐蚀。黑网吧长期大量接纳未成年人进入,使许多中小学生迷恋网络,逃学旷课,贻误学业;黑网吧大量传播有害信息,败坏社会风气,影响社会稳定和社会主义精神文明建设,影响未成年人的身心健康;一些未成年人为获取上网资金从事盗窃、抢劫等违法犯罪行为;黑网吧大多经营场地狭窄,电线杂乱,闭锁门窗,存在严重的人身及消防安全隐患。黑网吧的存在,严重影响了网吧正常经营秩序,已经成为社会公害。

1. 给学生和未成年人造成危害。学生和未成年人正是茁壮成长时期,健康的身心是极其重要的,而"黑网吧"的形成吸引着众多学生和未成年人,且有其特殊性,都没有安装安全监管软件,不受营业时间限制,大肆接纳学生和未成年人上网,其网络可以说是"全球通",学生和未成年人一旦迷恋,就会千方百计地向家长说谎、骗钱、偷钱,从而导致了敲诈勒索他人财物的现象屡屡发生,这必将对其心灵造成一定的腐蚀,甚至引导学生和未成年人走入歧途。再加上业主存在隐蔽心理,多数闭门关窗,通风设备差,室内空气污浊,存在严重的安全隐患。因此,"黑网吧"的存在不但给学生和未成年人身体上带来了不必要的负面影响,而且已逐步成为了严重危害学生和未成年人身心健康的一颗"毒瘤",已经到了必须切除的地步。

2. 给家庭造成一定危害。21 世纪是快速发展的大好时期,家庭作为社会的一分子,必须跟上时代的步伐,适应社会的需求,才能顺应社会大家庭的选择。要想家庭顺应时代的发展,就必须以人为本,在提高每个人的素质和能力上狠下功夫。所以,每个家庭就把孩子的学业问题放在首位,考虑最多的就是孩子能不能上大学,上哪类大学,让孩子上一所好大学这成为了家长梦寐以求的愿望。而"黑网吧"的出现,使一大部分学生和未成年人成为了"黑网吧"里的座上客,为此荒废了学业,很多家庭因孩子上网闹得不可开交,导致双方从目标一致变为对立,严重地影响正常的求知欲望,甚至家破人亡。

3. 给社会造成极大的危害。经济社会的快速发展离不开网络技术的支撑,高新技术的垫铺。商家就是抓住了这一有利时机,大做文章,"黑网吧"的强势已经给社会蒙上了一层阴影。譬如说:因上网放弃学业,家庭不和,青少年犯罪率的逐步上升等等,都是鲜明的例子,具有很强的说服力,已严重地影响了社会的健康发展。

案例:

2002 年 6 月 16 日凌晨,北京市海淀区非法经营的"蓝极速"网吧发生火灾,造成 25 人死亡,13 人受伤。

经调查,这起火灾完全是人为的结果,而纵火的人竟然是两名初中生。这两名学生,一个 13 岁,一个 14 岁,是北京某初中学生。二人均因父母离异而缺少管教,于是长期沉溺于网吧。后因为与"蓝极速"网吧服务员发生口角,滋生了报复心理。2002 年 6 月 15 日夜,二人从火灾现场附近的加油站购买了汽油,随后到网吧纵火,最终酿成悲剧。

如今这两个未成年少年已受到应有的处罚,而这家非法经营的网吧老板也受到了法律的制裁,但那些被烧死烧伤的人又何处去诉说冤屈呢?

黑网吧存在的原因

1. 根本一点在于供需矛盾突出,正规网吧的数量远远满足不了现实的上网需要。国家管制未成年人进入网吧,未成年人仍旧是一个网吧主要消费群体,他们没有了消费场所。正规网吧进不去,黑网吧对他们不加阻拦。有了未成年人的这个市场需求,黑网吧也就有了其生存之道。

2. 利益驱动也使得黑网吧屡禁不止。据调查,黑网吧背后,各方利益交织,情况复杂,已形成一条包括正规网吧、黑网吧、社区(居民)及电信部门在内的三个层次利益关系的灰色利益链。一是"黑、白"网吧之间的利益矛盾。二是社区(居民)与黑网吧的紧密联系。三是黑网吧与电信部门的利益链。在利益驱使下,"黑网吧"想方设法逃避检查,经营方式更为隐蔽,逃避执法技术含量增强,长期的单户经营开始转为攻守同盟,甚至勾结涉黑势力暴力抗法。

3. 常规治理黑网吧难收到预期效果。由于常规治理措施的失灵,从2001年4月起,政府共进行了5次全国性的专项整治行动。每一次规格都比前一次高,涉及的部门也更多,管理的内容也更广泛具体。应该说,每次整治都收到了一定的成效,关闭、取缔了大量黑网吧,对于消防安全等问题得到了比较令人满意的解决。然而问题在于,由于程序上的缺陷,每一次整治之后,黑网吧死灰复燃,迫使政府到一定阶段又不得不进行下一次整顿,没能达到之前声称的治本结果,反而增强了违法者的"抗药性"。

监管治理建议

1. 解决执法尴尬,避免踢皮球现象。一方面,涉及管理网吧的有文化、工商、公安等多达10个部门,众多部门参与管理,名曰各司其职、各负其责,实际操作中却出现"谁都管,谁都管不了"的现象。"职能部门在日常的巡查工作中发现网吧存在其他部门管理的一些问题时,限于法律法规的限制和职权的分工,往往无法进行处理,而错过了最佳的管理时机。由于人力资源有限,各部门的联合行动又不能天天搞,就造成了网吧天天有人查,问题天天有的局面"。另一方面,基层职能部门在整治黑网吧的问题上,不同程度上存在推诿、扯皮等问题,而且,执法部门在查处黑网吧的过程中,往往碰到街道、村镇的干部不肯提供出租屋屋主信息;街道的出租屋管理员也反映,他们把黑网吧的信息提供给有关职能部门,往往以工作太多为借口不予处理;甚至有少数基层干部为一己私利,直接参与黑网吧的经营活动,为黑网吧提供场地、通风报信、打起掩护,以求赚取"外快"、获得"分成"。其实要想解决问题,首先必须有一部好的法律法规,然后,必须是理性政府的理性监管。

2. 在目前国家政策未放开的情况下,首先做好现有持证网吧的疏导工作,引导他们重新进行合理布局,将一些比较集中、竞争激烈地区的网吧、已经停业或经营比较困难的网吧疏导到正规网吧少而市场需求大的地区,满足广大上网人员的需求,压缩黑网吧生存空间。

3. 要求电信部门"与政府部门携手并进",每周对辖区内网络流量情况进行定期扫描,发现网络流量明显偏大或一条网线有较多终端的,立即转交执法队查证查处,并向执法部门提供辖区所有网络用户详细清单,由执法队派专人对照出租屋提供的黑网吧地址将清单进行扫描,筛选出黑网吧网络端口,然后提交电信部门将其切断,从源头上予以打击。

4. 进一步完善管理制度,自专项治理整顿实施后,网吧已从暴利行业向微利甚至是亏本行业转变了,据很多网吧老板说,网吧要想生存和发展下去,就必须违规操作,如果严格按照《条例》以及管理部门的要求去做,那就只有亏本,长此以往,则合法经营的网吧要么退出此行业,要么也违规操作以期维持生计,这样,最后生存下来的网吧也必全是违规操作的黑网吧。

对于青少年来说,不要涉足黑网吧。在网吧里浏览信息、玩游戏,对其内容要注意选择。切记不要玩内容不健康的游戏,浏览不健康的网页,因为它会有损于青少年的成长和前途。

上网要选择正规的网吧,例如上海、北京等城市在新华书店、大型文化场所、商场设立的网吧,环境整洁、空气清新,具备安全、良好的上网条件和网络设备,同时配有专业的技术服务人员,能够提供优质的服务,对于黄色及其他毒害信息都有过滤系统，能够提供安全可靠的上网环境，充分保证顾客畅游网络时的身心健康。

在遇到有不法网吧进行违法的上网活动或者提供有害信息的时候，千万不要盲从，要立即向老师、家长或相关管理部门反映这一情况，一起来维护良好的上网环境。

青少年朋友，网上的世界很精彩，它已成为人们学习知识、获得信息、交流思想、开阔视野、休闲、娱乐的重要平台。网上的世界很混沌，需要认真进行过滤和筛选，将宣扬暴力、色情、迷信、赌博等内容的信息淘汰出局。面对网络世界，一定要学会辨良莠；遨游网络世界，一定要自己掌好航舵。

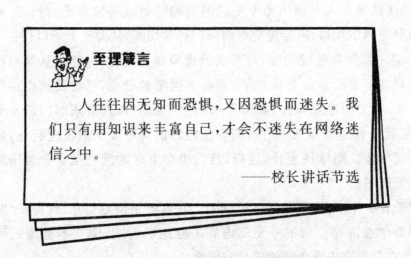

至理箴言

人往往因无知而恐惧，又因恐惧而迷失。我们只有用知识来丰富自己，才会不迷失在网络迷信之中。

——校长讲话节选

第四部分　网络安全常识

第一节　提防"网络陷阱"

现如今网络购物已悄然成为一种消费时尚。截至 2009 年 6 月,我国网购用户规模已达 8788 万,全年网购总金额预计将达到 2500 亿元。面对如此庞大的消费市场,一些网络黑客捕捉到了"商机",这些网购的不速之客在用户实行网购的过程中,挖好了一个又一个"技术"陷阱,大肆骗取用户钱财。

据金山互联网安全专家李铁军介绍,网络购物过程中的"陷阱"非常多,与一些现实中传统的欺诈手法不同,网络黑客往往凭借自身掌握的电脑知识,利用一些技术手段,如利用木马控制用户电脑、劫持交易网页、网站挂马等,骗取用户钱财。而这些手段和方式,与传统的欺诈手法相比,更隐蔽,更不容易察觉。

为了更好地保障网购用户的财产安全,让更多的用户在网络购物的过程中提高警惕,金山互联网安全专家李铁军针对网络购物过程中的十大"黑客陷阱"进行了深入解析。

陷阱一:中奖迷局

中大奖是网络购物过程中最常见的"钓鱼"欺诈术。通常情况下,骗子冒充一些知名大公司,通过淘宝、旺旺等常用对话工具向用户传播中奖信息,诱导用户进入相似度非常高的假网页,进而引导用户输入网上银行的账号、密码或向其他指定账号汇款,给用户带来经济上的损失。

案例:

黄小姐经常在淘宝网上购物。几天前她像往常一样看中了一件商品,当她点击该商品后却出现了一个中奖页面,上面写着:"百万巨奖乐翻天——淘宝周年庆典"等字样,上面解
释说是为了庆祝"淘宝"成立6周年,特地
与三星公司携手举办"六周年庆典百万巨
奖乐翻天抽奖活动",系统每日会在淘宝
用户中随机抽取3名幸运用户,并称黄小
姐是幸运用户,中了5万元大奖。同时,
网页上还显示了她的获奖验证码,让她登
录账号和验证码领取奖品。同时,网页上
提醒她要妥善保管好自己的验证码,避免
他人盗取冒领。在未收到奖品之前,请勿登录淘宝网,以免账号被盗,导
致无法领到奖品。

一切看似都很正常,而黄小姐要想领取5万元大奖,必须先向指定账
户预付上千元的个人所得税。狐狸尾巴终于露出来了。

陷阱二:低价诱惑

一件原本万元的产品,现在仅用几百元就能买到。是不是你也有些
心动了呢?然而,天下没有免费的午餐。低价诱惑正是网络购物过程中
的又一种常见的欺诈形式。骗子先利用低价吸引用户进入假的钓鱼网
站,用户一旦放松警惕,就很有可能给自己带来财产上的损失。

案例:

张先生准备为自己买一个3G手机,可是自己看中的一款产品目前
在实体店中的销售价格超出了预算范围。于是,张先生就想在网上看看
是否有更便宜的。结果功夫不负有心人,张先生在一个论坛中,发现有
人介绍这款手机,而且价格仅是实体店中的三分之一。张先生迫不及待
地登录了帖子中提到的网页,并按照网页上的提示完成了购买,并向页
面上指定的账户汇了钱。结果,两周过去了,张先生依然没有收到手机,
而再次登录该网页的时候,已经无法打开。

陷阱三：搜索欺诈

用户在网络购物的过程中，必不可少地要使用到搜索引擎。通过搜索引擎搜索商品，搜索自己想进入的网址。以网络银行为例，大部分用户可能并不能直接输入某个网上银行的网址，而必须要借助一些搜索引擎来进行搜索，在这个过程中，黑客可通过制作假网站的方法，设计一个与真的网上银行网页相同的网站，用户一旦误进这个网页，黑客就将展开行骗，通过诱惑用户输入账号和密码等方式骗取用户钱财。

案例：

李女士在一次网络购物的过程中遇到了"李鬼"。李女士想通过网络购买一台豆浆机，已经跟卖家谈好价格，只需要通过电子银行汇款后等待卖家发货就可以。由于不经常使用网络银行，李女士并不记得具体的网址，只有借助搜索引擎。于是，通过搜索李女士很顺利地进入了该银行网页。而在交易过程中，李女士不经意间看了一下网址，结果发现本来应该是 http://www.icbc.com.cn/icbc/ 却变成了 http://www.lcbc.com.cn/lcbc/，李女士庆幸还没有汇款，立刻关闭了该网页。

陷阱四：网页劫持

如果用户知道网上银行的网址，就可以自己在浏览器中输入该网址，但是在登录过程中黑客借助用户电脑中已植入的木马，可对浏览器进行 HOSTS 跳转控制，将用户引导到精心制作的假网站，记录用户的账户信息。另外，黑客还可利用某些系统安全漏洞进行攻击的脚本木马，嵌入到网页中。如果来访电脑存在这些安全漏洞，脚本木马就能攻入电脑，下载键盘记录器和屏幕记录器。

案例：

王小姐是一个网络银行的拥护者，自从有了网络银行，王小姐觉得给自己的生活带来了许多方便。不过不久前，王小姐遇到了一件奇怪的事情。王小姐准备通过网络银行交一下房贷，在通过浏览器输入了网络银行的网址后，按回车键进入了网络银行页面，一切都没有什么不同，而细心的王小姐发现在打开网页的一瞬间，网址栏中显示的网址已经不再是自己输入的网址,而是换成了另外一个网址。

陷阱五:调包网址

在挑选商品时,用户通常会向卖家咨询商品更多的信息,或者讨价还价,在这个环节中用户需要特别留意卖家发给我们的链接页面是否正常。金山毒霸互联网工作室已发现,一些黑客会利用真实的网店商品与顾客讨价还价,却将伪造的钓鱼页面链接发给买家,诱使买家在钓鱼页面购买,以便套取买家的账号信息。

案例:

小涛想在网上购买一张价值 100 元的手机充值卡,拍下之后付款到卖家的支付宝,卖家叫小涛登录某网站,用网上银行汇款 0.1 元到他的账户里,说是用来提取单号,通过单号来提取充值卡的卡号和密码。小涛心想:既然都付了 100 元钱到支付宝上了,也不在乎那 0.1 元了。于是按提示支付,可多次出现超时问题,当初以为是电脑浏览器问题,于是和淘宝上那位卖充值卡的卖家说,让他的"技术人员"加小涛在线联系方式。

加了后,一番交谈,小涛进入了"技术人员"所提供的支付网站,登录网站后,在付款的前一刻,支付金额清清楚楚写着"0.10 元"。按了付款后,一分钟内,手机收到银行的短信,内容说"银行支出 10000 元"!

陷阱六:支付欺诈

当选中商品后就需要登录网上银行,在这个阶段,最有可能遭遇的是黑客利用木马进行的键盘记录和屏幕记录,键盘记录能帮助黑客获得用户的登录账号,屏幕记录则能将用户的每一步操作都记录下来,为黑客提供"教程"。另外,在用户通过 IE 成功登录网上银行后,一些"潜伏"在用户电脑中的病毒就开始操控用户电脑,如在用户汇钱、转账时修改汇钱对象的账号、姓名、金额等。

案例:

自己的电脑完全在别人的控制之中,而这个人又看不到,摸不着,想一想都让人害怕。而小张就遇到了类似的情形。小张在一次网络购物的过程中,突然发现自己的电脑鼠标自己开始移动,并开始进行交易操作,拥有几年互联网使用经历的小张还是第一次遇到这种情况。情急之下,小张立刻拔掉了网线,切断了网络。后经过确认,原来小张的电脑里隐藏了一个灰鸽子木马病毒。小张的一举一动竟然都在别人的监控之下。

陷阱七:真假交易

伪造网络店铺和商品页面,伪装成卖家实施诈骗。通过伪造店铺和商品页面,并伪装成卖家,利用交易中的留言或 TM 聊天工具、邮件等方式散发钓鱼网站并用各种理由骗取买家点击进行诈骗。

案例:

网友小刘几天前在网上买了一双鞋,结果两周过去了,还没收到鞋。而最让小刘闹心的是,购买过程中,卖家称小刘购买的款卖得特别快,刚好没货了,需要临时去调货,但需要小刘先汇款,由于该卖家页面上显示的信誉度非常高,所以小刘也没加思索,汇了款。回想起整个交易过程,小刘发现,他并不是在淘宝上登录此店铺,而是在一个交易留言中登录了该链接,也正是因为这样,小刘才误入了骗子的陷阱,做了一笔根本不存在的买卖。

陷阱八:挂马网页

欺诈类的网络钓鱼严重威胁着网银用户的账户安全,但在黑客为了经济利益越来越杀红了眼的时候,网络钓鱼还和挂马网站相互勾结,以挂马网站导致用户中毒,木马批量盗号最后针对性钓鱼的方法,让用户防不胜防。

案例:

已有四年网上银行使用心得的用户孙先生讲述了自己的一段经历。作为淘宝的资深卖家,孙先生对骗子的伎俩还算比较熟悉,前段时间,一个陌生人通过旺旺询问孙先生是否以卡号为＊＊＊＊＊的账户向他多汇入了一万多的货款,因为该陌生人准确地说出了孙先生的账户信息,孙先生还是登录了自己的网银查看是否有这笔交易。

就在孙先生查看账户发现并没有这次交易之后，该陌生人还反复让孙先生确认是否多支付了货款。第二天，让孙先生奇怪的事情发生了，自己的网银账户上只剩下了50多元钱，交易记录中显示着孙先生有一万多元的"金买"交易，孙先生很快拨打了银行的客服热线，卖掉了账户里购买的纸黄金，"丢失"的钱回来了，只损失了200多块钱的孙先生感到自己还算幸运。

尽管"丢失"的钱已经找了回来，不过孙先生还是对这次离奇的经历不得其解。了解到孙先生的遭遇后，金山毒霸互联网工作室的工程师对这一事件做出了解释：这一事件的关键是，旺旺聊天工具中的陌生人掌握了孙先生的账户号码和姓名，换取了孙先生的信任。事实上，这是孙先生访问挂马网站后中毒，银行账号等个人信息被盗，但因为孙先生有口令卡或U盾，而孙先生在此受监视过程中并未使用U盾或口令卡，导致对方无法将钱转出，只能登录用户的银行账号将钱购买为纸黄金或是通过E转转到支付卡（账号内部操作不需要U盾或动态口令），此时用户的账号余额变少，但没有实际损失。

陷阱九：电子邮件圈套

发送电子邮件，以虚假信息引诱用户中圈套。不法分子大量发送欺诈性电子邮件，邮件多以中奖、顾问、对账等内容引诱用户在邮件中填入金融账号和密码，或是以各种紧迫的理由要求收件人登录某网页，提交用户名、密码、身份证号、信用卡号等个人信息，继而盗窃用户资金。

案例：

前几天，王小姐收到一封电子邮件，发现是一个化妆品店发来的，称可以帮忙从国外带各种化妆品。王小姐正好在计划给自己购买一款化妆品，于是就跟对方取得了联系，经过一番交涉，对方同意以比较低的价格帮王小姐购买化妆品，但需要王小姐先预付一半的费用作为订金，王小姐觉得这笔买卖很划算，于是立刻给汇了款，汇款后王小姐就觉得不对劲，再一看，刚刚聊天的QQ头像已经变成了灰色，而且再也没有回应。

陷阱十:小心自己的信息被盗用、篡改

寒假期间,春节临近,同学们寄来的电子贺卡多了起来。14岁的唐小欢正在打开朋友发来的电子邮件。电脑屏幕上突然出现一张破破烂烂的房间照片,照片的左上角是一扇破旧的门。伴随着一段阴森的音乐,一个声音说:"你看到了在这张普通的照片左上角的那扇门……"话音未落,一个长发披散、脸色发白、身着白袍的女子突然从门里飘出来,很快从电脑屏幕中闪过,吓得唐小欢尖声惊叫起来。

唐小欢说:"我收到这样的信件,已经不是第一次了。还有一次,我打开一个邮件,屏幕上突然出现一个男人的照片。我根本就不认识这个人。接着,照片中的男人的头突然从照片上掉了下来……实在吓坏我了。当天晚上,我做了一整夜的噩梦。真不知道这些人是怎么知道我的邮箱地址的!"

相信很多青少年都和唐小欢一样,曾经受到过网络恐怖信息的困扰,从而在一段时间里担惊受怕。而这些坏事的罪魁祸首正是个人的网络信息被盗用!

某一天,德国一位妇女通过电脑网络向银行申请贷款时得到了如下令其头晕目眩的答案:"对不起,您的贷款申请被否决,因为根据记录,您已经去世了。"

这听起来似乎有点不可思议,但它并不是哪位小说家的杜撰,事实确实如此。经过调查得知,原来是一名社会保险管理部门的工作人员私自更改了计算机中存储的该妇女的记录,输入了一个虚假的死亡日期。这名工作人员曾与受害者在互联网的一个聊天室中发生争执,并最终被禁止访问该聊天室,于是便伺机报复,这位女士就被"虚拟谋杀"了。

这件事情发生之后,社会保险管理部门等机构对各自网络系统的安全性进行了调查,其结果令人沮丧。调查人员很轻易地进入了两家机构的电脑网络,任意调阅所存储的信息,包括金融交易、医疗记录等。

随着互联网在中国的盛行,个人信息在网络上被泄露、盗用也成了

家常便饭。一天夜晚，19岁的章某及其初中的同学田某两个人将自己的便携电脑接入某证券公司的终端插口，输入有关程序后，就测出该公司的信息和密码系统，进而盗窃该证券公司电脑系统里上万股民的地址、资金额度、证券种类、账号和买卖记录信息等有关数据。4月4日，当他们再次用同样手段作案时，被上海港公安局巡警当场抓获。面对他们的是来自法律的庄严审判。

北京首例利用计算机程序"期货精灵"操作期货案，在2003年一审宣判了。赵江波一审被西城区法院判处有期徒刑11年，剥夺政治权利2年，并处罚金1.1万元人民币。25岁的电脑高手赵江波编制了计算机程序"期货精灵"，在互联网上的期货论坛中发布帖子，将该程序作为附件链接，诱使他人下载安装，以此方式分别窃得两家期货公司客户的网上期货交易账号和密码，进入了受害人的期货交易账号进行交易，造成他人直接经济损失317万元，自己获利49100元。

可见，青少年不仅要防范自己的信息被盗用，也不能做违法的事，在网上盗用别人的信息。否则必然会影响网络的安全，尤其使公民或法人在网络上的隐私安全受到极大的威胁。盗用、篡改网络信息的行为，是违法行为，也是不道德行为，是要受到法律制裁的。

不可否认，对于年轻人来说，网络有着与众不同的魅力。网络能提供极其丰富的信息，它那独特的吸引力，使得所有身处其间的人都怀着无穷的好奇，不断地探寻下去。网络为人们提供了无限创造的空间，网络丰富了人们的生活内容，改变了人们的生活方式，加快了人们的生活节奏，不管你是否意识到，这种改变正在进行。

然而，事物都是一分为二的。人们在享用网络带来的诸多好处的同时，也不得不防范来自于网络的污染。应不断增强网络法制观念，自觉遵守网络道德规范，严格自律，还网络以蓝天。

网上留学中介骗局多

陈女士多年来的心愿就是送孩子出国留学深造。近日，她从网上查到一个中介公司，就给自己和亲戚的孩子办理出国留学手续。然而其中一个孩子的签证不但没办下来,交的5000多元签证费也不知去向。自己的孩子虽然办下签证,但学费又出了问题:本来讲好的一个学期的学费应该是8000元,而中介公司却要18000元,再加上5000多元的中介费……花的钱多不算,最让陈女士生气的是,至今孩子还没出成国。

很多人对国外的教育体制、申办程序不熟悉,缺乏有效的信息渠道,在办理繁杂的出国手续中,浪费了很多精力和财力。每一位出国留学的学生都要面临选择合适的留学国家、学校、专业及申办护照、签证等一系列复杂的程序。那些为了下一代的前程,准备送孩子出国深造的家长们,急需专门提供咨询及一条龙服务的中介机构。在此背景下,留学中介的网上网下机构应运而生。

随着互联网被越来越多的应用,人们越来越离不开网上中介,但不规范的网上中介市场却往往让人乘兴而来,败兴而归。网上一些中介机构为了帮申请人办理出国护照做假材料,把境外情况介绍得天花乱坠,把代办出国留学的国家吹嘘得如何好,一旦将钱骗到手便逃之夭夭。他们常用的骗术主要有:超范围经营、满嘴跑火车、弄虚作假、层层转手、只管赚钱不管事、只看钱不顾危险等。除此之外,一些小公司或个人,常游荡在使馆周围以代排队、代填写表格等服务方式获取钱财。这些"签证虫"以低价为诱饵,将急于办理出国手续的人介绍给一些连营业执照都没有的网络中介公司。

蒋媛媛学的是哲学专业,这在留学考察中显然是"弱项",但蒋媛媛办理留学手续却非常顺利。原来她去年从网上找到了一家留学中介办理加拿大留学,该公司经理却告诉她:"你得换个学历,如果你同意,明天你送4500美元和三张免冠照片来,剩下的事你就别管了。"几周后,蒋媛媛惊奇地见到了自己的新"学历":某大学计算机专业的本科毕业生,职业是某电脑公司的程序员。蒋媛媛兴奋之余又惴惴不安,这些假材料一旦被发现,她的留学梦真的就是一枕黄粱了。

近几年,出国留学人员的年龄大有向未成年人蔓延之势。提醒申请人特别是家长,在给孩子选择学校时,一定要根据孩子自身的条件做出准确判断,而不要一味地攀高。要报考那些信誉较好,与正规大学有密切联系的语言学校,否则就会造成学生只能以语言学校作为维持身份的依据,而不能升入大学学习的尴尬局面。而且还有被骗的风险,一定要谨慎而为。

那么,如何才能识破网络上众多的留学中介的骗局呢?

第一,网络中介公司是否具有法人资格,是否具有国家从事留学中介服务的资格认定。中介机构的办公地址是否与证件登记的地址一致,以防盗用他人名义欺诈行为的发生。

第二,网络中介公司有无专业水平较高的咨询人员,对国家留学政策是否熟悉,对国外的教育、文化情况等是否了解,有无从事教育服务工作的经历等。一些合法留学中介机构在接待申请人时,会对留学者进行测试和了解,以便帮助他们选择更适合的学校,而不是来者不拒。

第三,网络中介公司的服务费的收取标准是多少,这些收费是否同其提供的服务相吻合,是否是明码标价。正规的中介机构一般不一次性收费,而是根据程序,分阶段收费,且都有办理不成功退还费用的承诺。一些非法留学中介机构收取的费用远远超过合法中介,甚至高出五至八倍。

陷阱十一:肉鸡交易

网络者通过浏览挂马网站或下载软件的过程中中了木马,电脑沦为肉鸡,该木马可将用户的银行账号和密码盗取,但由于需要口令卡,一旦用户有交易行为,通过设置假的银行升级窗口,引导用户输入口令卡密码,进而转移用户钱财。

案例:

四川的杨女士要买个煮蛋器,在使用支付宝支付时,突然弹出个农业银行的升级提示,要求输入动态口令卡密码,杨女士一时没留意就按提示输入了,还输入了两次,但依然显示支付失败。后来杨女士去商场购物刷卡才知道,农行卡内的钱被盗走四千多元,只剩下几元余额。

接到杨女士求助的互联网工作室对这一事件进行了分析,首先杨女士因为不及时更新杀毒软件病毒库,导致杨女士访问了挂马网站或者通过下载软件中了木马,该木马将用户的银行账号和密码盗取,但由于需要口令卡,所以和孙先生的经历一样,杨女士账户里的钱此时不会真正被盗。

很快,"驻扎"在杨女士电脑系统中的木马监控到杨女士有支付行为,远程通知黑客"肉鸡上线了",而黑客通过预先已经盗取的账号和密码迅速登录网银发起转账交易,同时将转账需要的口令卡的坐标位置通过远控木马发送到用户端,此时杨女士的电脑上弹出了银行升级的窗口,要求用户填写口令卡密码,杨女士输入后,黑客立即获取到,转账交易成功。杨女士的钱就这样被黑客盗走了。

在金山毒霸工程师的分析下,杨女士终于明白了账户丢失的其中奥秘。尽管和孙先生相比杨女士的遭遇实属不幸,但事后,杨女士还是表示,如果自己有丰富的网络安全经验,也不会被骗子"俘获",今后会养成实时更新杀毒软件病毒库、定期对系统进行全盘扫描的好习惯。

在整个网络购物的过程中,欺诈的手段千奇百怪,陷阱也绝不仅这十个,骗子们经常将一些欺诈手法交叉使用,让网购者更是防不胜防。

面对林林总总的欺诈手段,金山毒霸安全专家建议广大网购用户从以下几个方面做好防范措施:

1. 网购过程中一定要提高自身的网络安全意识。一旦遇到需要输入账号、密码的环节,交易前一定要仔细核实网址是否准确无误,再进行填写。

2. 目前网络钓鱼已经成为网络购物的主要威胁之一。因此防止网络钓鱼对于网购安全来讲非常重要。

第二节　坏人常用的盗密伎俩

伎俩之一:偷看

这是最原始而又最容易被忽视的密码盗窃方式,多见于网吧等公共场所。用户在输入用户名和密码时,站在旁边的别有用心的人就有可能把你按过的键都记下来。所以在公共场合登录时,千万要注意周围有没有人注视自己。另外,给自己设置一个复杂而又超长的密码也是个防偷窥的办法。

伎俩之二:木马

倘若有人通过邮件发给你诸如"我"的照片".exe"这样的文件,那你可千万要小心了,这很可能就是传说中窃取密码的"特洛伊木马"。这种程序在运行后,就会把你的号码和密码自动发送到木马程序指定的邮箱中,要防止这种盗号行为,安装杀毒软件并定期更新病毒库。此外,坚决不运行来历不明的可执行文件,不打开任何奇怪的页面也是必要的。

伎俩之三:记录键盘

有这样一种程序,它会默默地运行在系统后台,并将用户的按键记录,以及鼠标曾经点击过的位置全部记录下来。有些人会借此在网吧或其他公用电脑上盗窃密码,不过这种情况防范也非常简单。尽量不要在公共场合使用自己的密码。

伎俩之四:欺诈信息

如果你收到一封邮件或一个页面链接,说你的密码已经丢失,或者你已经中了某某大奖,要求你提供密码加以确认时,千万不要相信其中的内容,在任何时候,对任何人都不能轻易公开自己的密码,唯有如此才能保护自己的权益。

第三节　青少年网络被害的表现

青少年由于其在智力上尚未发育完全,在生理上处于未成熟期,又由于网络所特有的虚拟性、超时空性、高度自由开放性,以及行为主体在

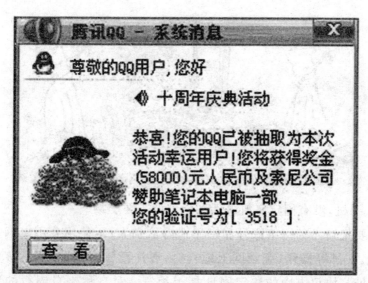

网络中匿名性等特征,导致青少年在网络空间脱离现实空间成年人(老师、家长)的约束和教导,从而增大了未成年人网络被害的可能。主要表现为:

1. 精神性被害。首先是人格被害,互联网的虚拟性特征容易造成青少年的非人格化倾向,导致其不能正常地、充分地社会化,极大地妨碍了青少年社会人格的正常形成和发展。其次是心理被害。网络沉迷行为本身就可以给青少年心理带来危害,其典型表现即"互联网成瘾综合征"。另外,网络游戏的过分泛滥和网络不良文化的传播也会给青少年留下心理的阴影和创伤。

2. 物质性被害。青少年网络物质性被害包括人身被害和财产被害。人身被害一方面包括长期沉溺于网络给青少年身体健康带来的损害,另外,青少年由于上网被诈骗、勒索钱财和性侵害的事件也十分常见。

3. 其他被害。主要体现为青少年在网络交往中个人基本信息被盗取、利用、公开等情形。在进行网上购物时应通过多种方式调查其真实性,如电话查询该公司是否存在;用搜索引擎查询该公司或网站,查看电话、地址、联系人以及营业执照等证件之间的内容是否相符;只有 QQ、

E-mail、手机,没有固定座机电话和地址的不要交易。

不要把自己的网络账号和密码泄露给别人;不使用公用电脑进行网上购物、支付等操作;登录网上银行时,要注意核对网址,留意核对所登录的网址与协议书中的法定网址是否相符。对自称来自银行的短信或邮件提高警惕,如接到要求提供银行卡号的短信或邮件要直接联系发卡银行进行确认。

第四节　小心网络诈骗

互联网改变了中国人的生活,一夜之间虚拟世界春暖花开,当我们还来不及享受互联网这个花花世界带给我们的许多惊奇和美好的时候,许多的罪恶之手便已伸向了这个原本虚拟和纯洁的世界;当有一天我们发现自己爱上了这个虚拟世界的时候,却发现自己在这个虚拟世界中也会深深地受伤。在这个虚拟世界里,你一样会被骗、东西一样会被偷、情感一样会失落,于是,带着满身的伤痕,你又重新回到了这个真实的世界。

其实,网络也是一把双刃剑,它可以帮助你也可以害你,可以让你在一夜之间暴富也可以让你在一夜之间倾家荡产,一切都不是网络的错,错在使用网络的人自己。看着网上身边一个个无辜的人上当受骗、财产损失,现在总结一下网络诈骗、网络盗窃、短信诈骗等这几类事件的特点,希望大家有所收获。

新闻速递:

《江淮晨报》2月13日讯 一位中学生利用娴熟的网络知识耍"小聪明",窃取他人QQ号及密码,在窃取别人QQ后,他就以QQ主人的身份,肆意实施诈骗犯罪。昨天,这名学生终为自己的行为付出了应有的代价,铜陵市狮子山区法院为此做出判决。

1987年出生的余某是浙江省温州市一所学校的高三学生,平时喜欢上网并热衷于使用黑客软件破译密码。2004年12月28日,余某从互联网上盗用北京市民刘秀的QQ号,并且冒充刘秀,谎称急需用钱,通过QQ聊天室向刘秀在铜陵市的好友王隐借款9000元。王隐信以为真,立即向余某提供的银行账号汇款9000元。钱款到账之后,余某随即把钱取出并挥霍一空。

事后,王隐发觉上当受骗,立即向铜陵警方报案。警方通过技术侦察手段,很快锁定了余某并掌握了其各项犯罪证据。2005年1月,余某被铜陵警方抓获归案,余某在审讯中对犯罪事实供认不讳。鉴于余某犯罪时不满18周岁的情况,铜陵警方依法对他办理取保候审手续。2006年1月19日,铜陵市狮子山区检察院以涉嫌犯诈骗罪,对余某提起公诉。法院审理认为:余某以非法占有为目的,虚构事实,隐瞒真相,骗取他人现金9000元,数额较大,其行为构成诈骗罪。余某犯罪时不满18周岁,依法应予从轻处罚,而且余某案发之后愿意认罪并退赔赃款9000元,已全部发还被害人,有悔罪表现。

最终,法院做出了一审判决:余某犯诈骗罪,判处有期徒刑一年零六个月,缓刑两年,并处罚金人民币3000元。

网络诈骗的形式和种类

1. 以购物为由实施的诈骗。骗子利用的仍然是人们希望购买物美价廉、低价商品的想法实施的诈骗,只不过其是借助网络这个工具实施的。骗子往往制作假冒的购物网站实施作案。被骗的物品既有现实生活中的手机、电脑、汽车等,也有网游账号等虚拟财产。不同的是,受骗者文化程度都普遍较高,大都会上网。

2. 以"网上交易游戏装备、私下买卖QQ"为由的诈骗。诈骗分子利用网游装备、QQ 是网络公司设计开发,无需经行政部门报备的情况,采用不经网游公司认证的方式,私下交易网游装备或 QQ,收到被骗者钱财后,通过安全保护措施拖回网游装备或 QQ,导致购买者上当受骗。这就使现实生活中以买卖交易为由的诈骗延伸到了虚拟世界。

3. 以"中奖"为由骗取上当者交税款的方式诈骗。

4. 以假借网上提供"六合彩特码"或网上注册"看淫秽影片"的方式,实施"黑吃黑"式的诈骗。

5. 网上"钓鱼",套取信用卡密码的诈骗。

(1)以虚假的网页网址假冒"银行网站",诱骗客户进行操作,获取账号、密码。

(2)虚设"会员网站",设置超低会费,诱获他人加入,套取信用卡账号、密码。

(3)开设虚假网上"购物网站",以低价诱骗消费者操作获取账号、密码。

6. 网上冒充亲朋好友诈骗。网络骗子采用木马等黑客手段,获取网络用户的账号密码,操作用户的 QQ,冒充同学、好友,以"帮忙汇款"等方式的行骗。

7. 以"招聘"为由,套取求职者信息,向其亲属实施的诈骗;或向上当者要求押金的诈骗。

8. 冒充合法网站实施"购物"诈骗,如下:
此"淘宝"非彼"淘宝"诈骗分子仿冒淘宝网,向会员账户发中奖信息。

"淘宝网"仿冒淘宝网

登录淘宝网看到,首页的左上角写着橙色的大字"淘宝网 Taobao.

com"，还有一行小字"阿里巴巴旗下网站"；再登录"www. taocbao. com"，首页完全是仿冒淘宝网。大字小字一模一样。除此之外，两个网页在相关栏目的设置上也几乎一样，淘宝工具条、支付宝等栏目设置在同样的地方，不过"www. taocbao. com"上面的栏目相对要少些。再往下看，两者间有一个最显著的差异：网页的中部，淘宝网一直滚动着三个广告，而"www. taocbao. com"则一直是一则抽奖广告，上面写着"淘宝四周年，下一个大奖就是你"。点击抽奖的广告，看到屏幕中分别有两个空格，让消费者输入"淘宝旺旺会员名"和"验号"，供消费者抽奖；页面的右上方，公布了8个最新的中奖账号。

杭州公安将核实处理

淘宝网公关部的卢总监了解情况后说："'www. taocbao. com'这个网站与淘宝网无任何关联，提醒各位会员不要上当。"卢总监表示，迄今为止，淘宝网只有"www. taobao. com"这个官方网站。网站若举行抽奖活动，一定会通过"阿里旺旺、店小二"等类似官方方式通知会员，奖品直接送到会员账户内，无需会员提供账户和密码。

对于假冒淘宝网，卢总监希望用户向网站客服中心反映，或者进入网站首页最底部的网上举报方式，向公安部门举报。

网络警察教你如何识别和防范网络诈骗

随着网络技术的普及和发展，各种网络诈骗案件持续发生，手段层出不穷，网民的财产受到极大侵害。针对网络诈骗，徐州市公安局网警支队结合办案实践，经过调查研究，对网络诈骗做了一些分类整理，并希望从中找出其中的规律，给网民提供一些预防网络诈骗的常识。

1. 针对购物诈骗提醒网民注意以下几点：

(1)网上交易要提高自我防范意识，不要相信"天上会掉馅饼"，对明显低于市价的网上商品不要轻易购买；如需网上交易最好通过可信的第三方网上交易平台，如：支付宝、财富通等，以保障交易安全。

(2)当网民在诈骗分子的欺骗下汇出第一笔款后，诈骗分子往往会以各种理由要求受害人再汇余款、风险金、押金之类的费用，否则不发货,也不退款,网民切不可迫于第一笔款已汇出,抱着侥幸心理继续再汇,要及时报警。

(3)网民在进行网络交易前,要对交易网站和交易对方的资质和信用进行全面了解,防止对方在公司资质和信用度方面造假。

(4)徐州网警支队提醒市民,如果发现被骗,一定要保留相关证据,如:银行汇款凭证、即时通信聊天记录、手机短信记录、网上交易信息记录等,并及时向公安机关报案。

2. 针对中奖信息诈骗提醒网民注意以下几点:

(1)网民在上网时,对突然收到的中奖信息要保持警惕心理,切不可被这种意外中奖冲昏头脑,在不与家人、朋友商议的情况下就盲目汇款。

(2)网民要仔细核对中奖通知中提供的网址,看是否与真正网站的网址完全一致,如不完全一致就说明是诈骗分子伪造的网站。如某案例中的丰县受害人张某收到"中奖通知"后,没有对诈骗网站网址"www. qq. cxz. cn"认真核实,认为这就是腾讯网站的网址,而真正的腾讯网站的网址为"www. qq. com"。张某因一时疏忽险被骗走 4.5 万余元。

(3)对于"中奖通知"中的"客服电话",网民不要轻易相信,要找到被诈骗分子模仿的真正的网站,拨打这个网站上提供的客服电话,询问是否正在举办"中奖活动"。

3. 针对彩票预测网诈骗提醒网民注意以下几点:

(1)所谓的"国家彩票预测中心"、"国家彩票管理局唯一指定网站"都是子虚乌有的名称,国家根本就不存在这种机构和网站,经调查,带有预测信息的彩票网站几乎全是诈骗网站,官方不会对彩票提供预测信息。目前,在我国内地只有两家彩票发行管理机构,即民政部中国福利彩票发行管理中心和体育总局中国体育彩票管理中心。

（2）网民在网上搜索彩票信息时，切不可认为在百度、谷歌等搜索引擎中排名靠前的彩票网站就是官方网站，这些网站往往是诈骗网站。

（3）彩票预测网上的诈骗之所以能够屡屡得逞，与彩民"买彩票中大奖"的贪欲心理和侥幸心理是分不开的，如果彩民抱有正常心态，诈骗分子的这种诈骗伎俩便会不攻自破。

（4）值得网民注意的是，诈骗分子还会冒充香港六合彩及股票网站，以提供六合彩中奖预测信息和股票内幕信息为诱饵对网民进行诈骗，诈骗手法和彩票预测网诈骗类似。

4. 针对冒充网友诈骗提醒网民要注意以下几点：

（1）网民在上网学习、娱乐、交流时，要有网络安全意识，妥善保管自己的私人信息以及 QQ、MSN、邮箱等账号和密码，要加强网络安全措施，如安装并及时更新防病毒软件、不打开来路不明的文件等，防止诈骗分子利用黑客技术窃取通信账号并对网友实施诈骗。

（2）对于网友通过网络通信工具发来的要求借钱的信息，网民要保持警惕，不能轻易相信，可以通过电话、视频等其他方式核实清楚之后再作决定。

（3）网民一旦发现被骗后要及时通知网友，并转告其他网友，防止其他网友被骗。同时受害人要将聊天记录、汇款凭证等证据保存好，及时向公安机关报案。

第五节　提高网络自护意识

当我们享受无处不在的网络带给我们的快捷、便利、新奇、快乐的时候，网络的开放性、隐蔽性也使一些精神垃圾轻而易举地进入家庭、学校、网吧，使一些缺乏自护意识和自护能力的幼稚、贪玩、任性的孩子深受其害。因此,提高网络自护意识至关重要。

1. 上网时,不要发出能确定自己身份的信息,主要包括:电子信箱地址、家庭地址、家庭电话号码、家庭经济状况、网上账号、信用卡号码和密码、父母职业、自己和父母的姓名、学校的名称和地址等。这些信息不能提供给聊天室或公告栏。如果你特别想给出,绝不能自己擅自做主,必须要征询父母、老师的意见,没有他们的同意,就一定不要公布。小心互联网上有些不怀好意的人会写信给你,甚至直接登门拜访。

2. 不要在父母、老师不知道的情况下,自己单独去和网上的朋友会面,即使得到父母的同意,也要选择公共场所,并有父母或成年人陪同前往。

3. 如果在网站或公告栏里遇到暗示性的信息、挑衅性的信息或脏话、攻击、淫秽、威胁等使你感到不安的信息,一定不要回应也不要反驳,当然,也不必惊慌失措,但要立即告诉你的父母或老师。

4. 不要轻易通过网络向不熟悉的人发送自己的照片,否则,会给你带来麻烦和不安全。曾发现有人利用别人的照片做内容肮脏的广告,因此一定要小心谨慎。

5. 不要轻信网上朋友的姓名、性别、年龄、职业、兴趣、爱好和甜言蜜语,记住,未经确认的网上信息都不可轻信!

6. 在通过电子邮件提供个人资料之前,要确保对方是你认识并且信任的人。

7. 父母或其他亲人不在家时,不要让网上认识的朋友来访,要提高警惕,谨防别有用心的人。

8. 不对父母、老师和好朋友隐瞒自己的网上活动,要经常与他们沟通,让他们了解自己在网上的行为,以便必要时得到及时的帮助。

土耳其近年也发生一连串的中学生自杀死亡事件,有些自杀的学生是电脑网络的常客。警方调查发现,这些自杀学生曾在网上与网友谈论过自杀问题,有些学生还参加了在网络上畅谈死亡的非法宗教组织"魔鬼教"。

　　两名大学生的自杀与"自杀网站"的教唆、协助有直接的关系。这个网站在韩国的点击数竟然超过 50000 次！据说这类网站的网友还经常在网下聚会，交流自杀的想法，探讨自杀的方式，结果造成自杀的悲剧也就不足为奇了。

　　据英国《每日电讯报》报道，英国近年来出现的"夺命网站"诱使不少青少年走上了黄泉路。

　　家住威尔士地区的纳撒尼尔·普里查德才 15 岁，和表兄凯利·斯蒂芬森在某自杀网站注册会员后，双双上吊身亡。之前有一名 13 岁的英国女孩自杀身亡，经调查，这名女孩在轻生前夜也曾浏览过自杀网站。

　　在韩国，相关自杀网站很多。韩国国家警察厅（NPA）称，在调查一百零一宗自杀案之际，已关闭 80 个教唆自杀的互联网站。

　　NPA 计算机恐怖活动防范中心称，一名 15 岁的女孩疑在网吧刊登寻求自杀同伴的信息，并购买了安眠药，之前她曾两度试图自杀。目前她正在精神病诊所接受治疗，由父母和警方顾问辅导。警方还说，另有一名 15 岁男孩在互联网上发布了同类信息，还有一名 13 岁的男孩在网上呼吁其他人自杀。

　　韩国警官表示，大多数经营自杀网站或发布教唆自杀信息的人，多数是秘密地通过电子邮件或流动电话互相联系，取缔并抓住经营自杀网站的人尤其困难,因为现在尚无相关的适用法律。

近年来,韩国受到了互联网自杀浪潮的袭击。一个年仅 13 岁的孩子,在受到自杀网站的教唆后,从一幢高达 15 层的公寓的顶部跳下。类似这些发生在韩国青少年身上的自杀事件屡见不鲜,而且死者在自杀之前都浏览过教唆自杀、传授自杀方式的网站。

据《每日邮报》说,一家自杀网站不仅详细介绍了上吊工具打结的最佳方法,还展示了一些自杀者的照片。另一家类似网站还建议,自杀是那些想获得"荣耀"者的选择之一。

这些自杀网站的幕后支持者是一些以唆使他人自杀为目的的组织或个人,一些组织甚至带有邪教性质。例如,"安乐死教堂"组织成员相信自杀是缓解人口压力、拯救地球的办法。这个组织的头目纳加西瓦·罗恩沃德还编写了一本介绍各种自杀方法的《自杀指南》。

戴维·菲利普斯说,一天他 15 岁的继女利娅趁他和妻子外出时,试图在家中楼梯上吊自杀,幸亏邻居发现及时,才使女儿幸免于难。据媒体报道,在利娅之前,当地已有 7 名青少年自杀身亡。一些媒体表示,一些网站宣扬自杀,教授年轻人自杀方法,可能是导致这些青少年选择轻生的罪魁祸首。

"父母防止年轻子女自杀协会"的一位创建者说,"越来越多的父母认为,互联网在导致他们孩子死亡上发挥了作用。网络可在几秒钟内提供自杀建议,这对年轻人来说非常危险。"他建议政府应当制定有关法律,像日本和澳大利亚等国那样禁止在互联网上宣传自杀。

"自杀网站"助长和教唆自杀心理,夺人性命,败坏风气,危害家庭和社会,应该立即取缔,任何一个国家的政府都会这么做的。而对于风华正茂的青少年来说,任何自杀的念头和行为都是不可取的。

生活中总会遇到一些不顺心的事,甚至是非常痛苦的事,感情上、学业上、事业上的挫折,或者是令人不堪重负的压力,正可以磨砺我们的意志和承受力。遇到想不开的问题和自己无力解决的事情,要随时与亲人、朋友、师长沟通和交流,把心里的痛苦、郁闷宣泄出来并寻求帮助,挺过去,前面是一片艳阳天! 不过要记住,帮你打开心中死结、排解痛苦的亲情、友情和真情都在现实生活中,而不是在虚拟的网络里。

第六节　网络自护支招

网络世界纷繁复杂,为了安全上网,轻松享受网络的便捷与乐趣,归纳以下几项网络自护的具体措施,供青少年朋友们借鉴。

1. 安装个人"防火墙",以防止个人信息被人窃取。比如安装"诺顿网络安全特警2001",利用诺顿隐私控制特性,你可以选择哪些信息需要保密,就不会因不慎而把这些信息发到不安全的网站。这个软件还可以防止网站服务器在你察觉不到的情况下跟踪你的电子邮件地址和其他个人信息。

2. 采用匿名方式浏览,因为有的网站可能利用cookies跟踪你在互联网上的活动。怎么办呢? 你可以在使用浏览器的时候在参数选项中选择关闭计算机接收cookies的选项。

3. 在发送信息之前先阅读网站的隐私保护政策,防止有些网站会将你的个人资料出售给第三方。网络隐私,即个人资料的保密性,是网络时代新的概念,要学会维护自己的网络隐私权,有一种"隐私维护与管理"软件,建议你还是装上一个为好。

4. 要经常更换你的密码,据统计,我国有54%的电子邮箱从来不换密码,这是很不安全的。密码不要使用有意义的英文单词、生日、寻呼机号码、电话号码等容易被人猜中的信息。另外,当好多地方需要设置密码时,密码最好不要相同。使用包括字母和数字的八位数的密码,可以比较有效地干扰黑客利用软件程序来搜寻最常见的密码。

5. 如果有人自称是 ISP 服务商的代表,告诉你:系统出现故障,需要你的用户信息,或直接询问你的密码。千万别当真,因为真正的服务商代表是不会询问你的密码的。

6. 在网上购物时,确定你采用的是安全的链接方式。可以通过查看浏览器窗口角上的闭锁图标是否关闭来确定一个链接是否安全。

7. 在不需要文件和打印共享时,就把这些功能关掉。因为,这个特性会将你的计算机暴露给寻找安全漏洞的黑客。黑客一旦进入,你的个人资料就很容易被窃取。

8. 不要轻易打开来自陌生人的电子邮件附件,收到有附件的邮件后,先看看发信人是否可靠,再用杀毒软件检查一遍,最后再看看文件的长度,小心别中了"特洛伊木马"。

9. 要安装必要的网络安全软件。例如"网络警察 110"等。"网络警察 110"是专门用于堵截互联网上邪教、色情、暴力等有关信息的互联网净化器软件,分为家庭版、网吧版和校园版。这种软件可以 24 小时搜索有关色情暴力的信息,防止用户在利用搜索引擎的过程中搜索到不良中外网站、网页,断绝一切不良信息来源。

10. 去网吧上网时,要选择具备合法执照的网吧,要看看它们是否具备必要的网络技术指导和服务的能力。为了你的人身安全和健康,还要看看它们是否具备良好的卫生环境、消防安全设施和治安条件。

11. 要选择合法的和内容健康的网站,特别是那些由政府、权威的社会团体和组织办的或推荐的网站。它们一般备有及时、准确的信息,不会造成误导。健康真实的内容,对于增长你的知识、开阔你的视野、提高你的素质都大有裨益。

这些网络自护措施仅供你参考,如果你有更好的措施,请你告诉你的朋友,也告诉我们大家!

第七节　上网小常识

一、上网的基本礼仪

网络时代来了,悄然无声地来到你我他之间,为现代人的生活打开了一个五彩缤纷的虚拟空间。随着网络风暴日益火爆全球,因特网正以它独特的魅力将触角伸向社会的每一个角落,我们又多了一个梦幻乐园——网络世界。当我们感到身边悄悄掀起的因特网风暴时,朋友,你也许已经急不可待地要融入因特网了。但是,且慢,新手上路之前,还应该了解一下"规则"。遵从着游戏规则网络世界给你最大的言论自由,但决不意味着你可以肆无忌惮,为所欲为。真诚待人,在网络生活中能体现你的人格。

1.记住别人的存在。

互联网给予来自五湖四海的人一个共同的地方聚集,这是高科技的优点,但往往也使得我们面对着电脑屏幕忘了我们是在跟其他人打交道,我们的行为也因此容易变得更粗鲁和无礼。因此网络礼节第一条就是:记住别人的存在。当着别人的面不会说的话,在网上也不要说。

2.网上网下行为一致。

在现实生活中大多数人都遵纪守法,在网上也同样如此。网上的道德和法律与现实生活是相同的,不要以为在网上与电脑交易就可以降低道德标准。

3.入乡随俗。

同样是网站,不同的论坛有不同的规则。在一个论坛可以做的事情,在另一个论坛可能不宜做。建议你最好先趴一会儿墙头再发言,这样你可以知道论坛的气氛和可以接受的行为。

4.尊重别人的时间。

在提问题之前,先自己花些时间去搜索和研究,很有可能同样问题以前已经问过多次,现成的答案措手可及。不要以自我为中心,别人为你寻找答案需要消耗时间和资源。

5.给自己在网上留个好印象。

因为网络的匿名性质,别人无法从你的外观来判断,因此你的一言一语就成为别人对你印象的唯一判断。如果你对某个方面不是很熟悉,找几本书看看再开口,不要无的放矢。同样,发帖以前仔细检查语法和用词,不要故意挑衅和使用脏话。

6.分享你的知识。

除了回答问题以外,还包括当你提了一个有意思的问题,而得到很多回答,特别是通过电子邮件得到的,以后你应该写份总结与大家分享。

7.平心静气地争论。

争论是正常的现象,要以理服人,不要人身攻击。

8.尊重他人的隐私。

电子邮件或私聊的记录应该是隐私的一部分。如果你认识某个人用笔名上网,未经个人同意将他的真名公开则是一个不友好的行为。如果不小心看到别人的电子邮件或秘密,你不应该到处传播。

9.不要滥用权利。

管理员和版主比其他用户有更多的权利,应该珍惜使用这些权利。

10.宽容。

我们都曾经是新手,都会有犯错误的时候。当看到别人写错字,用错词,问一个低级问题或者写篇没必要的长篇大论时你不要在意。如果你真的想给他建议,最好用留言私下提议。

最基本的规则可以概括为两条:鼓励并尊重个性发挥;网络是美好的,因而必须予以保护。

二、上网的基本知识

1.网上购物谨防上当。现在网上购物很流行,足不出户就可以随心选购,很快就有人送货上门,但一定要注意别上当受骗。曾有这样的案

例,有人利用一些商业网站的免费空间建立一个知名商业网站的"克隆"站点,然后将收款账号改为自己开设的账号。有的网站虽然不假,但网页中展示的商品在规格、质地、色泽等方面与实物却有不少出入。在网络交易的行为得到法律进一步规范以前,专家建议您少些盲目,多个心眼。

2.网上娱乐谨防过度。首先,您在家玩网络游戏要节制有度。新春佳节,亲朋好友难得团圆,网络游戏虽然充满诱惑,但也不可随心所欲。弄不好,自己身体"透支"不说,还往往引起家庭矛盾。许多网吧人机拥挤,空气污浊,不宜长时间逗留。奉劝各位"玩家"切莫"为网消得人憔悴"。

3.网上交友谨防受骗。对于近两年来发展起来的网上交友,不同的人有不同的看法。但无论如何,与网友聊天要多个心眼,不要随便透露自己的个人机密信息,见面约会更要采取切实保护措施。虽然网上交友失财丢命的案件频频见于报端,但新的案件仍然层出不穷,足见网络交友安全应警钟长鸣。各位家长朋友们尤其应留心自己孩子的异常举动,莫让花季少年受到一些不法分子的侵害。同时青少年朋友们也一定要加强自身的防范意识。

　　4.对网上内容要有取舍。网络是个大世界,大量有用信息存在的同时,有害信息也处处可见。在这种情况下,所有上网的人都要提高自身修养,学会甄别取舍,自动远离发布不良信息的网站。

　　5.网上逗留谨防"黑客"。也就是要防范病毒侵扰和黑客攻击。如果你在网吧上网,切忌不要在硬盘上保留自己的个人信息,对于自己的聊天记录、邮件等信息要通过移动存储备份后从硬盘上删除。如果是自己的计算机,要请教高手或专家安装必要的防病毒与防黑客软件,不要随便下载不知名网站的程序和附件。

6.网上玩游戏容易近视,许多人都很喜爱网络,但网络游戏却让人情有独钟。有些人迷上游戏之后,昼夜地玩着游戏,还有的甚至把眼睛给玩瞎了。所以我要提醒大家要少上网玩游戏,否则你就会迷失自己,陷入网络游戏中不能自拔。

奇怪,拖鞋怎么穿不进去?

三、网络危害知识

1.互联网对青少年的人生观、价值观和世界观形成构成潜在威胁。互联网是一张无边无际的"网",内容虽丰富却庞杂,良莠不齐,青少年在互联网上频繁接触西方国家的宣传论调、文化思想等,这使得他们头脑中沉淀的中国传统文化观念和我国主流意识形态形成冲突,使青少年的价值观产生倾斜,甚至盲从西方。长此以往,对于我国青少年的人生观和意识形态必将起一种潜移默化的作用,对于国家的政治安定显然是一种潜在的巨大威胁。

2.互联网使许多青少年沉溺于网络虚拟世界,脱离现实,也使一些青少年荒废学业。与现实的社会生活不同,青少年在网上面对的是一个虚拟的世界,它不仅满足了青少年尽早尽快占有各种信息的需要,也给人际交往留下了广阔的想象空间,而且不必承担现实生活中的压力和责任。虚拟世界的这些特点,使得不少青少年宁可整日沉溺于虚幻的环境中而不愿面对现实生活。而无限制地泡在网上将对日常学习、生活产生很大的影响,严重的甚至会荒废学业。

**网络用好是个宝，查找资料不用跑。
天下大事早知道，学习知识不可少。**

四、网络安全知识

网络，一个科技发展的产物，也是信息时代的标志。作为中学生，理所应当对其进行追求、探索。这尽管是一个虚拟的空间，但它的方便、快捷、灵活等多种优点，拓展了我们的知识面，给予了我们遨游的空间。它的出现改变了人们传统的思想方法，在我们的生活中给予了我们极大的帮助；坐在家中即可浏览众多网上图书馆丰富的图书收藏；几秒钟内，便可收到相隔万里的来信，在最短的时间内获得各地各种详细的、自己想知道的信息；通过各学校开办的远程教育网了解更多的知识等等。正由于网络的这些优点，才受到越来越多的青少年的青睐。但又有许多人认为中学生上网弊大于利，的确，网络是一个复杂的东西，它的内部充满各种信息，像反动、暴力这类鱼龙混杂的东西太多了，中学生自主能力有限，实在难以抵御网络惊人的吸引力。

但网络是一个新生事物，的确，中学生的自制力和网络的吸引力，可以说两者根本是无法匹敌的。网络的吸引力是无穷的，而中学生的自制力是有限的。据联合国教科文组织的不完全统计，以学习为主要目的上网的中学生，美国占总数的 20%，英国为 15%，中国仅仅为 2%。这惊人的对比,恰如其分地说明了中学生的自制力不如网络的吸引力。它好像刚出生的婴儿,终究是需要细心的扶持的,在正确的教育、指导下,长大成人,建设国家,做出贡献。但若是像现在这样,抑制了学生上网,不就好像将这婴儿杀死在摇篮里吗?中学生上网的人数很多,部分人受到不良影响,这正说明了是否受到不良影响取决于自身的素质与意志。俗话说得好:"人正不怕影子歪。"只要我们有抵制这种沉溺人思想的网络传播的意志,自然也就不会受到其影响了。利弊的区别在于你如何运用它,以及如何合理安排好时间。如果是用于打电子游戏,不分昼夜,肯定是弊。如果用于学习,利大于弊。

五、如何对待网络垃圾

网络世界丰富多彩,包罗万象,但不乏色情、暴力、封建迷信等网络垃圾,这些精神鸦片有百害而无一利,对青少年危害很大。

1. 安装网络过滤软件,它可以像网络警察一样搜寻出网络垃圾并进行拦截。

2. 尽量不点击来路不明的网址,浏览国外网站时,要经家长许可。

3. 一旦不小心进入不当的网站中,要及时回避,不受其诱惑,并及时向公安机关举报,当个守法护法的好公民。

六、什么是网络警察

虚拟警察:指民警像在现实社会上巡逻一样,在网上公开亮相,公开执勤巡逻,接收网民对网上案件报警,答复网民网上法律咨询,宣传互联网安全法律法规。

其主要功能:在网上违法犯罪高发部位和一些网上复杂场所,有"虚拟警察"公开巡逻。青少年点击"虚拟警察"图标,便可进入其后台网络空间,看到信息网络安全法律法规、典型案例及安全防范知识。青少年可通过点击"虚拟警察"进行网上报警、求助、咨询等,后台值班的网监民警会以"虚拟警察"的名义予以答复,为网警网民架设了一个沟通和服务平台。

七、举报指南

1. 网上违法和不良信息的举报

2004 年 6 月,在国务院新闻办公室的支持下,中国互联网协会互联网新闻信息服务工作委员会正式成立互联网"违法和不良信息举报中心"。网友只要登录"中国互联网违法和不良信息举报中心"(http://net.china.cn/index.htm),进入举报入口并根据提示即可进行举报。

2. 网上垃圾邮件的举报

2006 年,按照《互联网电子邮件服务管理办法》的规定,信息产业部委托中国互联网协会成立了"互联网电子邮件举报中心",并建立了举报电话和邮箱。

(1)电话:010—12321;各省举报中心为:省会城市区号+12321

(2)邮箱:abuse@anti-spam.cn

(3)网站://www://anti-spam.cn

3. 如何举报和处理手机垃圾短信

在收到垃圾短信时,可直接拨打当地 110 报警电话进行举报。

4. 网络违法案件举报

公安部违法案件举报

公安部网站:www.cyberpolice.cn

公安部举报电话:010—65207655　652833344

公安部网络违法案件举报网站:www.cyberpolice.cn

5. 举报受理范围

(1)进行邪教组织活动、煽动危害国家安全

(2)散播谣言、侮辱、捏造事实,扰乱社会秩序

(3)传播淫秽色情信息,组织淫秽色情表演、赌博、诈骗、敲诈勒索

(4)侵犯他人通信自由、通信秘密

(5)网络入侵、攻击等破坏活动

(6)擅自删除、修改、增加他人数据

(7)其他网络违法犯罪活动或直接去当地警局的网络稽查科报案

第八节　网上需慎言

很多孩子在接触网络时,发现在这个虚拟的世界里简直太自由了,想说什么都可以,想骂谁就可以骂谁,以为网上骂人不犯法。殊不知,这种想法是错误的。

博客骂人也侵权

2005 年 6 月,秦尘和沈阳在网络上相识。没有经过秦尘同意,沈阳就将二人私下的 QQ 聊天记录发到网上,令秦尘感到很气愤,此事件成为二人网络大战的导火索。2005 年 6 月 29 日至 2006 年 1 月 15 日期间,秦尘在博客网中先后刊登了 5 篇与沈阳有关的文章,沈阳认为这些文章中的"沈阳除了博客痴呆症外,还有'狂犬病',不仅乱叫,还乱咬"等内容,对其名誉权构成侵害,因此将秦尘告到法院,索赔精神损失 1 万元。2006 年 9 月 21 日,此案在北京海淀区法院开庭审理。法院判决认为,秦尘所写及转载的文章虽然发在他本人的博客专栏内,但鉴于博客网是开放性的,因此秦尘应对其所传播的内容承担相应的法律责任。此外,诸如"沈阳除了博客痴呆症外,还有'狂犬病',不仅乱叫,还乱咬"等语言,已明显超出了正常的评论范畴,法院因此认为秦尘已构成对沈阳人格利益的侵害。法院判决秦尘应在判决生效后 7 日内,连续 30 天以秦尘的署名在博客网上刊登致歉声明,被告北京博客网公司对此必须协助。

网络上虚拟空间的人,肯定与生活中存在的人相对应。在网络空间里发表言论,同样要负法律责任。

早在 1997 年 12 月 30 日,公安部便发布了《计算机信息网络国际互联网安全保护管理办法》(以下简称《办法》),该《办法》第五条规定,任何单位和个人不得利用国际互联网制作、复制、查阅和传播公然侮辱他人或者捏造事实诽谤他人的信息。按照此《办法》第二十条的规定,对网上骂人者,将由公安机关给予警告,有违法所得的,没收违法所得,对个人可以并处 5000 元以下的罚款;构成违反治安管理行为的,依照《治安管理处罚条例》的规定处罚。

《民法通则》第一百二十条规定,公民的名誉权受法律保护,网上辱骂他人实际上仍然属于一般侵权行为,只不过侵权的方式和载体比较特殊而已。由于网络的开放性及网上言论的随意性,对社会的影响不可低估,在网上对他人名誉带来的损害有时比日常生活中辱骂他人更加严重。

网上公然侮辱他人,情节严重的,还可能构成侮辱罪并承担刑事责任。按照我国刑法有关部门规定,侮辱罪是指以暴力或者其他方法,公然贬低他人人格,毁坏他人名誉,情节严重的行为。就网络言论传播的速度、范围以及影响力来看,可以认定为"公然"。刑法规定,公然侮辱他人或者捏造事实诽谤他人,情节严重的,处三年以下有期徒刑、拘役、管制或者剥夺政治权利。

网络的自主性、开放性、多元性与社会道德、价值观念应该融合，这是一个社会文明进步的象征。我们在充分享受网络的高速发展带来的言论自由和对社会信息披露的知情权的同时，也应履行和承担与之相匹配的义务与责任，不能妨碍和侵害他人的权利和自由。

 至理箴言

　　20 世纪下半叶是一个以网络征服世界的时代。

——陶春

　　在当今世界，所有人都在争先恐后地寻求改变，任何迟缓都将造成致命的后果。

——法国总统萨科奇

第九节 健康上网,为你推荐健康网站

网站是获得信息的窗口。享受健康网络生活,选择网站很关键。下面,向青少年朋友们推荐健康网站:

1. 果壳网 http://www.guokr.com/

哈姆雷特曾言"即便我身处果壳之中,仍自以为是无限宇宙之王",霍金以此为题著书《果壳中的宇宙》,暗示自己身处轮椅之上的那些时光。果壳网的创办者在一次洗澡中想到了这个典故,并决定用果壳来命名这个网站:网络是我们的果壳,然而亲爱的读者们,这里谈的,大至宇宙小至原子,没有什么能束缚我们的好奇。

果壳网是主要面向都市科技青年的社交网站,并提供负责任、有智趣的泛科技主题内容。在这里可以关注感兴趣的人,阅读他们的推荐,也将有意思的内容分享给关注的人;依兴趣关注不同的主题站,精准阅读喜欢的内容,并与网友交流;在"果壳问答"里提出困惑你的科技问题,或提供靠谱的答案。

2. 涂鸦王国 http://www.poobbs.com/tuya/

云集国内众多插图画家,中国最大的精华涂鸦场所。涂鸦王国建立于2003年3月8日,是以涂鸦为主的交流性质的自由网站。网站的理念在于超越传统的绘画思想,接近绘画最初的自由,与表达的本质。目前有超过 23 万的注册用户,日 IP 访问量接近五千。当之无愧的中国最大涂鸦网站,成为中国插画界有名的人才汇集中心,让喜欢涂鸦和插画的人,在这里找到了展现自己的平台,吸引了不少畅销杂志编辑的目光。在涂鸦王国成立的两年多当中,发行了自己的单行本并且赢得出人意料的市场反响的作者就有年度内地绘本销售榜首《我的路》的作者寂地,《动物饼干》博客生活日记图书的张贼贼,以及推出中国首本涂鸦画册挑战传统绘画理念的青年作家黑荔枝……涂鸦王国带给大家的,是单纯的绘画乐趣,没有任何商业目的和营利性质。如果要用一句话来形容,也许"梦想之地"最为合适吧。目前,王国的画册正在策划中,它不是梦想的终结,而是一个开始,是涂鸦这种自由的艺术形式,得到属于它的该有的声誉与价值的开始。

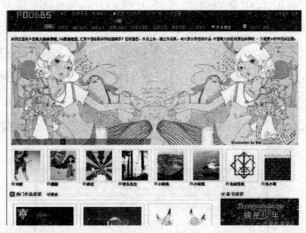

3. 几分钟网 http://www.jifenzhong.com/

"几分钟网"是专注于知识教育视频的网站,网站本身贴近生活,用几分钟的视频短片与用户分享生活小窍门。网站以"好看的生活百科"为目标,其内容涵盖社交礼仪、运动户外、饮食健康、电脑网络、手工艺术、交通出行、休闲游戏、节日庆祝、校园生活、职场生涯、家居日用等诸多层面。

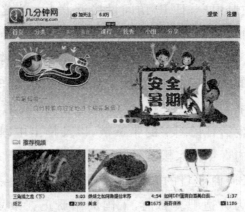

4. 扇贝网 http://www.shanbay.com/

扇贝网是一个专业的词汇学习网站。扇贝("善背"的谐音)的核心功能,就是为英语爱好者解决单词忘了背,背了忘,忘得比背得快这个问题。扇贝网是目前全球最为智能的在线背单词网站,吸引了来自全球50多万用户的参与,帮助很多大学生通过了四级、六级、托福、雅思、考研和 GRE 等各类英语考试,扇贝网实现对记忆曲线的支持,只要每天登录网站,系统会自动提醒你哪些单词需要复习,这样你就能在遗忘之前再次学习,当你在不同的时间,分别完成对应的练习,那么就能最有效地掌握单词。

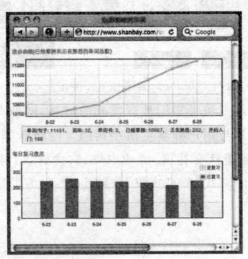

5. 维基百科

维基百科(英语:Wikipedia,是维基媒体基金会的商标)是一个自由、免费、内容开放的百科全书协作计划,参与者来自世界各地。这个站点使用 Wiki,这意味着任何人都可以编辑维基百科中的任何文章及条目。维基百科是一个基于 wiki 技术的多语言百科全书协作计划,也是一部用不同语言写成的网络百科全书,其目标及宗旨是为全人类提供自由的百科全书——用他们所选择的语言来书写而成的,是一个动态的、可自由访问和编辑的全球知识体,也被称做"人民的百科全书"。

6. 谷歌 http://www.google.com.hk/

Google(Google Inc.,NASDAQ:GOOG)是一家美国上市公司(公有股份公司),于 1998 年 9 月 7 日以私有股份公司的形式创立,以设计并管理一个互联网搜索引擎。Google 公司的总部称做"Googleplex",它位于加利福尼亚山景城。Google 目前被公认为是全球规模最大的搜索引擎,它提供了简单易用的免费服务。不作恶(Don't be evil)是谷歌公司的一项非正式的公司口号,最早是由 Gmail 服务创始人在一次会议中提出。

7.中国学生网 http://www.6to23.com/

中国学生网是一家综合性的学生门户网站,其主要内容是针对当代大学生、中学生、小学生的学习、教育、成长做服务,涉及教育资源、考试信息、原创文章、实习报告、考试资料、心理健康、生活信息、娱乐频道以及教育政策和社会热点事件。

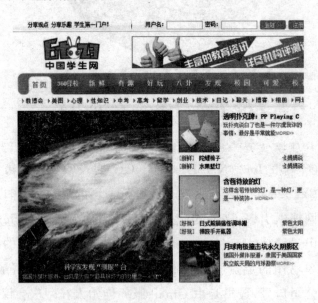